Víctor M. Ramírez
Luis A. Aldape
Jesús Ponce

BIOMATEMÁTICAS III

Víctor M. Ramírez
Luis A. Aldape
Jesús Ponce

BIOMATEMÁTICAS III

Cálculo para Ingeniería Biomédica

Editorial Académica Española

Imprint

Any brand names and product names mentioned in this book are subject to trademark, brand or patent protection and are trademarks or registered trademarks of their respective holders. The use of brand names, product names, common names, trade names, product descriptions etc. even without a particular marking in this work is in no way to be construed to mean that such names may be regarded as unrestricted in respect of trademark and brand protection legislation and could thus be used by anyone.

Cover image: www.ingimage.com

Publisher:
Editorial Académica Española
is a trademark of
Dodo Books Indian Ocean Ltd. and OmniScriptum S.R.L publishing group

120 High Road, East Finchley, London, N2 9ED, United Kingdom
Str. Armeneasca 28/1, office 1, Chisinau MD-2012, Republic of Moldova, Europe
Printed at: see last page
ISBN: 978-613-9-40597-8

BIOMATEMÁTEMÁTICAS III

AUTORES

Dr. Víctor Manuel Ramírez Hernández

Dr. Luis Alberto Aldape Ballesteros

Mtro. Jesús Ponce García

INTRODUCCIÓN

El siguiente material es una propuesta de contenido temático para la materia de Biomatemáticas III, que se cursa en el tercer semestre de la carrera de Ingeniero Biomédico en una universidad privada en Tamaulipas.

Esta propuesta de material didáctico consumará tres condiciones principales.

La primera cumplir con el contenido temático de la materia, y las peticiones del plan de estudio, en función de presentar una propuesta de contenido programado para la materia al finalizar el semestre.

La segunda, con la finalidad de que se genere un material didáctico, tanto en su versión impresa como en la electrónica, que coadyuve en el aprendizaje de los contenidos del plan de estudio, para con los próximos estudiantes que cursen la carrera de Ingeniero Biomédico.

Tercera que el material trabajado durante este semestre se encuentre alojado en la plataforma educativa, consensada Moodle.

El titular de la materia de Biomatemáticas III, es el catedrático, Dr. Víctor Manuel Ramírez Hernández.

Los participantes serán los estudiantes que cursan el tercer semestre de la carrera de Ingeniería Biomédica del año en curso.

Quienes al finalizar su formación en los contenidos temáticos además de cumplir con los objetivos específicos y generales de la materia, presentarán el material en la exposición de trabajos de los alumnos. Tanto el material impreso, como la versión electrónica en la plataforma educativa Moodle.

Contenido

Presentación de la materia

La relación entre la biología y la matemática ha sido productiva para ambas materias desde que se manifestó por primera vez la posibilidad de representar los fenómenos biológicos mediante modelos matemáticos, así está planteado en los programas educativos de las materias, Biomatemáticas I y II.

Un modelo matemático es una representación imperfecta de la realidad. En ella se recortan los aspectos irrelevantes del fenómeno, que se pretende modelar y se destacan los esenciales.

También puede considerarse como un esquema simplificado e idealizado de aquel, constituido por símbolos y relaciones matemáticas.

De igual forma un modelo matemático es aquel que representa la relación entre diferentes variables, parámetros y restricciones utilizando fórmulas matemáticas para ello.

En los modelos matemáticos generalmente se cumplen algunas condiciones como la equivalencia, la objetividad, la simplicidad la universalidad entre otras condiciones de relevancia.

Por ejemplo, en los siguientes modelos matemáticos que definen condiciones reales de relaciones entre variables se describen fenómenos naturales, físicos, matemáticos que de acuerdo con su tipo pueden ser cuantitativo numérico o cualitativo conceptual.

Al nacer, un bebé perderá peso normalmente durante unos pocos días y después comenzará a ganarlo. Un modelo matemático para el peso medio W de los bebés durante las dos primeras semanas de vida es:

$P = 0{,}015t^2 - 0{,}18t + 3.3$

Hallar los intervalos de crecimiento y decrecimiento de P.

Cuando estornudamos contraemos la tráquea, esto afecta a la velocidad v del aire que pasa por ella. Supongamos que la velocidad del aire durante el estornudo es $v = k(R - r)r^2$

Donde k es una constante, R es el radio normal de la tráquea y r el radio durante el estornudo.

¿Qué radio produce la máxima velocidad?

La concentración C de cierto producto químico en la sangre, t horas después de ser inyectado en el tejido muscular, se comporta de acuerdo con la representación matemática que está dada por la siguiente función.

$C = \dfrac{3t}{27+t^2}$ ¿Cuándo es la máxima concentración del producto químico en la sangre?

Una sala de exhibiciones literarias tiene como condición admitir grupos grandes de 30 hasta 80 personas, con la siguiente política de rebajas: La tarifa por persona es de 160 Unidad Monetaria (UM) menos 2UM por cada persona que pase de las 30. Exprese el ingreso de la sala de exhibiciones, por recibir un grupo de descuento, como función del número de personas del grupo por encima de 30.

Un modelo matemático es aquel en el que la representación de los aspectos relevantes y de sus relaciones causales se realizan empleando el razonamiento matemático de derivar resultados a partir de un cuerpo de postulados sobre los cuales hay un acuerdo generalizado.

Una retrospectiva de la Biomatemática con la que se ha trabajado durante los semestres I y II. En la carrera de Ingeniería Biomédica, nos dieron una visión generalizada sobre esta área del conocimiento, sobre sus alcances, su origen y su exponencial aplicación.

Antes de entrar de lleno al contenido de este curso, nos quedamos con algo del pensamiento del académico de gran cultura humanista y posiblemente el primer Biomatemático de la historia moderna D´Arcy Wentworth Thomson[1].

---

[1] "On growth and form" D´Arcy Thompson. Dover Publications Inc. New York, 1986.

...Célula y tejido, caparazón y hueso, hoja y flor; son parte de la materia y es de conformidad con las leyes de la física que sus componentes se han moldeado y conformado. No hay excepciones a la regla: Para la filosofía de la matemática de Platón. Los problemas de la forma orgánica son en primera instancia problemas matemáticos, los problemas del desarrollo son esencialmente problemas físicos y el morfólogo es, ipso facto un estudioso de la física..."

En este periodo se trabajarán contenidos relacionados con las representaciones funcionales en coordenadas cilíndricas y esféricas, la parametrización de algunas de las curvas conocidas, donde la característica principal de este material es que privilegiará la aplicación de los contenidos programados, mediante la recursión de procesos de integraciones iteradas, sólidos en revolución, matrices y las ecuaciones diferenciales lineales. Otra de las características de este material de trabajo es que tendrá acercamientos teóricos, una variedad de ejercicios resueltos con solución y ejercicios propuestos con solución y ejercicios propuestos sin solución además de algunos ejercicios cuyas aplicaciones son inherentes al contexto de la ingeniería biomédica.

NOTA: Este texto es un material, que se ajusta estrictamente al contenido temático de la materia de Biomatemáticas III para la carrera de Ingeniería Biomédica.

Objetivos, generales y específicos de la materia.

Objetivos generales.

Objetivos generales de la materia. El alumno deberá:

a) Conocer la aplicación de las matemáticas en el área biomédica.

b) Conocer la matemática que describe las lecturas de los aparatos de Bio–Ingeniería.

Objetivos específicos.

Objetivos específicos de la materia. El alumno al final del curso deberá:

a) Aplicar los conceptos matemáticos en la explicación de los principales fenómenos bilógicos.

b) Aplicar las matemáticas en el desarrollo de aparatos utilizados en la Bio–Ingeniería.

Diferentes tipos de coordenadas

En este apartado se tratarán las coordenadas cilíndricas y esféricas, estas constituyen generalizaciones de las coordenadas polares en el espacio tridimensional y cuyas aplicaciones son variadas en el campo de la medicina y otros, aplicaciones como en radio terapia e imagenología donde se realizan escaneos con el sistema de coordenadas polares y resonancia magnética, en óptica se utilizan para el testeo de esfericidad de lentes mediante láseres posicionados en coordenadas polares, en matemáticas se utilizan para la resolución de ecuaciones de curvas, en la forma polar de un numero complejo, para el cálculo de integrales dobles y triples de varias variables, en astronomía para el cálculo de coordenadas astronómicas altazimutales, en ingeniería civil para el levantamiento de puentes, edificios y otras construcciones, en aeronáutica el radar emplea el sistema de coordenadas polares para la navegación, estudio de la migración de las aves, en meteorología los radares emplean coordenadas polares para determinar la dirección de las tormentas y huracanes además las coordenadas polares se utilizan para la determinación de la forma y dimensiones de los objetos entre otras variadas aplicaciones.

Existen diferentes tipos de coordenadas como las Cartesianas, las Polares, las Cilíndricas y las Esféricas.

El sistema de coordenadas cartesianas se definen por dos ejes ortogonales en un sistema bidimensional y por tres ejes ortogonales en un sistema tridimensional que se cortan en el origen.

El sistema de coordenadas polares es un sistema de coordenadas bidimensional en el cual cada punto del plano se determina por un ángulo y una distancia.

La integral doble en coordenadas polares en (Larsson 1996. Pág. 1104) se define como:

Si f es una función continua de r y θ en una región plana cerrada y acotada R, entonces la integral doble de f sobre R, en coordenadas polares viene dada por:

$$\iint\limits_R f(r,\,\theta)dA = \lim_{\|\Delta\|\to 0} \sum_{i=1}^{n} f(r_i,\theta_i)r_{i,}\,\Delta_i\theta_i = \iint\limits_R f(r,\,\theta)r\,dr\,d\theta$$

Las coordenadas cilíndricas y esféricas

Se ha visto, que en el plano es más conveniente representar algunas gráficas en coordenadas polares, que en coordenadas rectangulares. Ahora se verá que se produce una situación similar para las superficies en el espacio.

Se tratarán dos nuevos sistemas de coordenadas espaciales.

El primero. Es una extensión de las coordenadas polares al espacio y se conoce como sistema de ***coordenadas cilíndricas.*** Ver figura 01.

El segundo. Es el sistema de ***coordenadas esféricas***, aquí cada punto se representa por un trio ordenado o triada, donde: la primera coordenada es una distancia ordenada, la segunda y la tercera son ángulos.

Este sistema es similar al sistema de longitudes y latitudes que se usa para identificar puntos sobre la superficie terrestre. Ver figura 02.

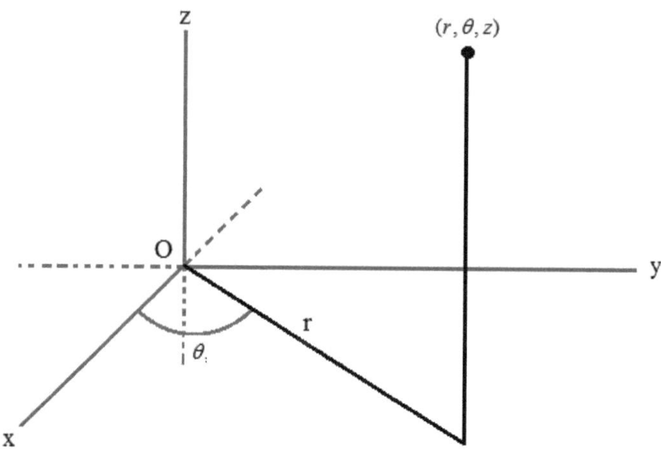

Figura 01

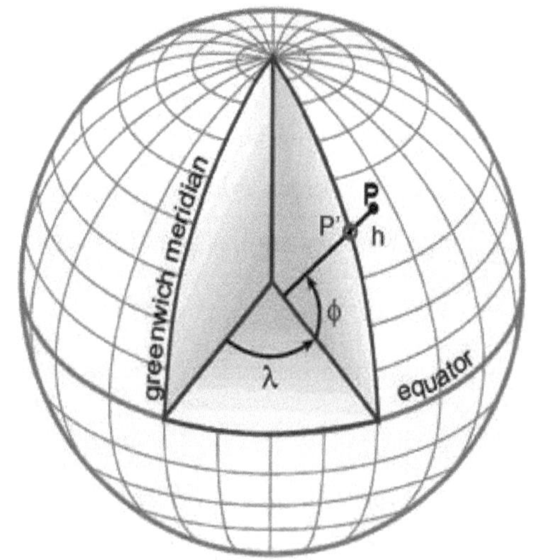

Figura 02

Coordenadas Cilíndricas

El sistema de coordenadas cilíndricas.

En un sistema de coordenadas cilíndricas, un punto P en el espacio se representa por un trío ordenado *(r, θ, z)*.

1. *(r, θ) es una representación polar de la proyección de P en el plano (x, y).*

2. *z es la distancia orientada de (r, θ) a P.*

Un punto P en coordenadas cilíndricas se representa por (r, θ, z) donde:

r: es la coordenada radial, definida como la distancia del punto P al eje z, o bien la longitud de la proyección del radio vector sobre el plano xy.

θ: es la coordenada acimutal, definida como el ángulo que forma con el eje x la proyección del radio vector sobre el plano xy.

z: es la coordenada vertical o altura, definida como la distancia, con signo desde el punto P al plano xy.

La representación en coordenadas cilíndricas de un punto P se da a partir de: (r, θ, z), donde r y θ son las coordenadas polares de la proyección de P, en un lugar polar y z, es la distancia dirigida desde dicho plano polar hasta P. Ver figura 01.

Para pasar de coordenadas rectangulares a cilíndricas (o viceversa), seguimos las normas de conversión para coordenadas polares como se ilustra en la figura 03.

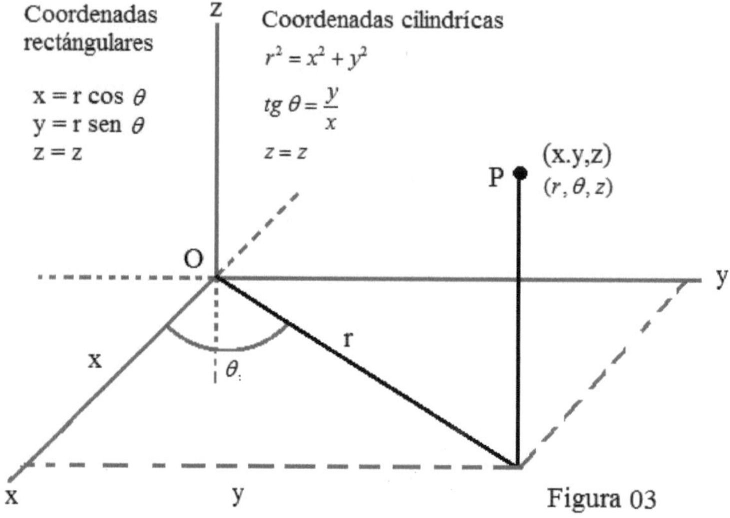

Normas de conversión para coordenadas polares.

Conversión de cilíndricas a rectangulares.

$$x = r\cos\theta, \quad y = r\,sen\theta, \quad z = z$$

Conversión de rectangulares a cilíndricas.

$$r^2 = x^2 + y^2, \quad \tan\theta = \frac{y}{x}, \quad z = z$$

Las coordenadas cilíndricas son esencialmente lo mismo que las coordenadas polares en el espacio bidimensional, con una coordenada z para hacer su representación tridimensional.

En el sistema de coordenadas cilíndricas, un punto P en espacio tridimensional está representado por la triada (r, θ, z), donde r, y θ, son coordenadas polares de la proyección de P sobre el plano x, y, y z es la distancia dirigida desde el plano x, y a P. (Stewart. J. 2011)i.

La triada (r, θ, z), como en cualquier sistema de coordenadas, estos tres números dan instrucciones de cómo llegar a un punto determinado a partir del origen.

Empieza por trazar una línea a una distancia r del origen, a lo largo del eje," x".

Gira esa línea θ radianes en el plano "$x\,y$", en sentido contrario a las manecillas del reloj alejándose del eje "x", fija un extremo en el origen.

Desde la punta de la línea, mueve una distancia z en la tercera dimensión perpendicular al plano $(x\,y)$.

NOTA: Recuerda que convertir entre coordenadas cilíndricas y coordenadas cartesianas es igual a convertir en coordenadas polares en dos dimensiones, sólo que a estas se les agrega la coordenada z para hacerlas tridimensionales. $x^2 + y^2 = r^2 \quad \tan\theta = \frac{y}{x}$

La única nueva coordenada a tres dimensiones, z permanece inalterada cuando conviertes entre una y otra coordenada. Ver figura 04

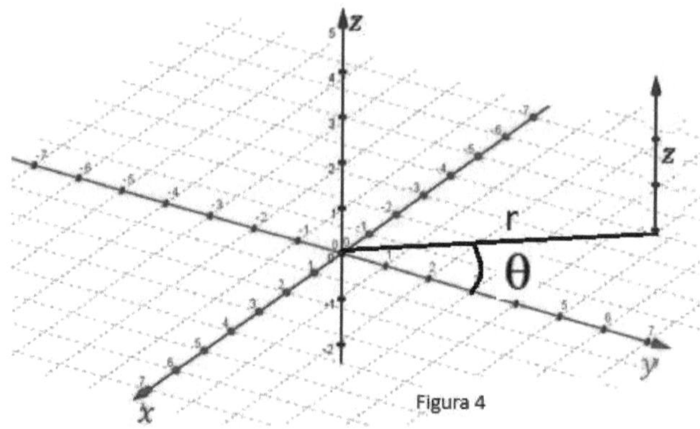

Figura 4

También debes recordar que: Muchos autores prefieren la representación $(\rho, \emptyset, z)$ en vez de (r, θ, z), para enfatizar la conexión con las coordenadas polares.

Uno de los ejemplos más sencillos del uso de las coordenadas cilíndricas lo podemos identificar la utilización de las grúas. Para controlar la posición de la carga es preciso indicar el ángulo de giro de la flecha (el brazo de la grúa), dado por φ, la altura a la que se sube la carga dada por z, y cuanto hay que desplazarla a lo largo de la flecha ρ. Ver figura 05

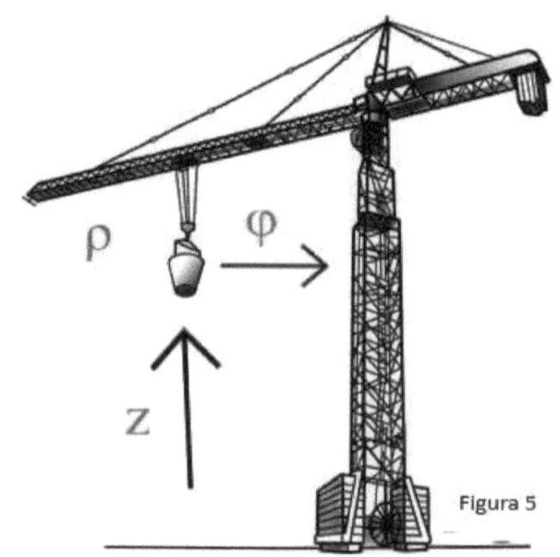

Figura 5

Integrales múltiples en coordenadas cilíndricas.

Las integrales múltiples en coordenadas cilíndricas son un concepto fundamental en matemáticas superiores, simplifican el cálculo de volúmenes e integrales en espacios de tres dimensiones donde se presenta una simetría cilíndrica.

Las integrales múltiples son expresiones de matemáticas superiores que se utilizan para calcular el volumen, área y masa bajo una superficie en un espacio tridimensional, el utilizar coordenadas cilíndricas le permite al estudiante expresar un punto en el espacio utilizando un radio, un ángulo y una altura, lo que lo hace ideal para objetos que presentan simetría radial.

Para realizar una integral triple cuando la función y los límites están dados en coordenadas cilíndricas, el estudiante debe recordar de las integrales triples en coordenadas cilíndricas que dV representa una fracción del volumen total que se desarrolla como $dV = r\, d\theta\, dr\, dz$ es importante recordar incluir la variable r.

Utilizar las coordenadas cilíndricas puede simplificar en gran medida una integral triple cuando la región que se está integrando tiene algún tipo de simetría radial alrededor del eje z.

La condición principal es que se debe recordar cómo desarrollar la unidad de área pequeña dA en términos de $dr\ y\ d\theta$:

$\iint_R f(r,\theta)dA = \iint_R f(r,\theta)r\, d\theta\, dr$ es importante tener en cuenta que la variable r es parte de este desarrollo. Denotar la pequeña unidad de volumen dV en una integral triple en coordenadas cilíndricas es prácticamente de la misma forma, con la variante que ahora se tiene el término dz:

$$\iiint_R f(r,\theta,z)dV = \iiint_R f(r,\theta,z)r\, d\theta\, dr\, dz$$

La razón por lo que la letra minúscula r aparece en las coordenadas polares es que representa un pequeño rectángulo cortado por líneas radiales y circulares tiene de longitudes laterales $r\, d\theta\, dr$.

Lo importante a recordar es que θ no es una unidad de longitud, por lo que $d\theta$ no representa una longitud pequeña de la forma como se conciben a las variables $dr\ y\ dz$. Lo que miden son radianes y se trata como factor directamente proporcional de r desde el origen para que se convierta en una medida de longitud.

Integral triple en coordenadas cilíndricas.

Si f es una función continua de r, θ y z en una región sólida acotada Q, entonces en coordenadas cilíndricas la integral triple de f sobre q es.

$$\iiint_R f(r,\theta,z)\,dV = \lim_{\|\Delta\|\to 0} \sum_{i=1}^{n} f(r_i,\theta_i,z_i)\, r_i\,\Delta r_i\,\Delta\theta_i\,\Delta z_i$$

Se muestra la aplicación del proceso de integración donde se visualiza un orden particular de integración, que se da en orden de barrido cada uno de ellos añadiendo una nueva dimensión al sólido.

Ejercicios resueltos con solución.

1. Calcular la ecuación propuesta, donde R es la parte común de las esferas.

   Solución: Ver figura 06.

$$\iiint_R z^2 \, dV \qquad \text{Esferas} \quad x^2 + y^2 + z^2 \le a^2 \quad y \quad x^2 + y^2 + z^2 \le 2az$$

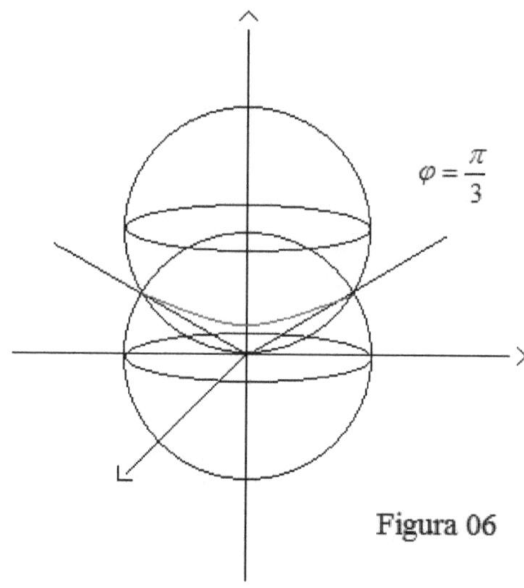

Figura 06

Observar que la intersección de las dos esferas se produce cuando $z = \dfrac{a}{2}$ y corresponde a puntos con ángulo $\varphi = \dfrac{\pi}{3}$ respecto del eje z y distancia $\rho = a$.

En coordenadas cilíndricas se tiene que:

$$\iiint_R z^2 dV = 4\int_0^{\pi/2}\int_0^{r/2}\int_0^{2-\sqrt{2rz-z^2}} rz^2\, dr\, dz\, d\theta + 4\int_0^{\pi/2}\int_{r/2}^{r}\int_0^{\sqrt{r^2-z^2}} rz^2\, dr\, dz\, d\theta$$

$$= 4\int_0^{\pi/2}\int_0^{r/2}\frac{1}{2}\left(2rz - z^2\right)z^2\, dz\, d\theta + 4\int_0^{\pi/2}\int_{r/2}^{R} z^2\left(r^2 - z^2\right)\frac{1}{2}\, dz\, d\theta$$

$$= 4\left(\frac{\pi}{2}\right)\frac{1}{2}\int_0^{r/2}\left(2rz^3 - z^4\right)dz + 4\left(\frac{\pi}{2}\right)\frac{1}{2}\int_{r/2}^{r}\left(r^2 z^2 - z^4\right)dz$$

$$= \pi\left(\frac{2rz^4}{4} - \frac{z^5}{5}\right)\Bigg|_0^{r/2} + \pi\left(\frac{r^2 z^3}{3} - \frac{z^5}{5}\right)\Bigg|_{r/2}^{r}$$

$$= \pi\left(\frac{r^5}{32} - \frac{R^5}{160}\right) + \pi\left(\frac{r^5}{3} - \frac{R^5}{5} - \frac{R^5}{24} + \frac{R^5}{160}\right) = \frac{59\pi R^5}{480}$$

Para dar solución al ejercicio propuesto en coordenadas esféricas la integral se debe separar en dos regiones. Para $0 \le \varphi \le \dfrac{\pi}{3}$ se tiene que

$$0 \le \rho \le a \quad y \quad \frac{\pi}{3} \le \varphi \le \frac{\pi}{2}$$

Por tanto se tiene que:

$$\iiint_R z^2 dV = 4\int_0^{\pi/2}\int_0^{\pi/3}\int_0^{a} \rho^2 sen\varphi\rho^2 \cos^2\varphi\, d\rho\, d\varphi\, d\theta + 4\int_0^{\pi/2}\int_{\pi/3}^{\pi/2}\int_0^{2a\cos\varphi} \rho^2 seb\varphi\, \rho^2 \cos^2\varphi\, d\rho\, d\varphi\, d\theta$$

$$= 4\left(\frac{\pi}{2}\right)\left(\int_0^{\pi/3}\cos^2\varphi\, sen\varphi\, d\varphi\right)\left(\int_0^{a}\rho^4 d\rho\right) + 4\int_0^{\pi/2}\int_{\pi/3}^{\pi/2}\cos^2\varphi\, sen\varphi\frac{\rho^5}{5}\Bigg|_0^{2a\cos\varphi} d\varphi\, d\theta$$

$$= -2\pi\left(\frac{\cos^3\varphi}{3}\Bigg|_0^{\pi/3}\right)\frac{a^5}{5} + 4\left(\frac{\pi}{2}\right)\frac{32a^5}{5}\int_{\pi/3}^{\pi/2}\cos^7\varphi\, sen\varphi\, d\varphi = \frac{59\pi a^5}{480}$$

2. Evalúe la triple integral dada. $\iiint_B (zr\,sen\theta)r\,dr\,d\theta\,dz$

Donde se encuentra la caja cilíndrica:

$B = \left\{(r,\theta,z)\,\middle|\,0 \leq r \leq 2, 0 \leq \theta \leq {}^{\pi}\!/_2, 0 \leq z \leq 4\right\}.$

Solución:

Se reescribe la triple integral como como una integral iterada, recurriendo al teorema de Fubini.

$$\iiint_B (zr\,sen\theta)r\,dr\,d\theta\,dz = \int_{\theta=0}^{\theta=\frac{\pi}{2}}\int_{r=0}^{r=2}\int_{z=0}^{z=4}(zr\,sen\,\theta)r\,dz\,dr\,d\theta$$

Realizado el cambio a una integral iterada el procedimiento se procede de forma más simple tal que:

$$\int_{\theta=0}^{\theta=\frac{\pi}{2}}\int_{r=0}^{r=2}\int_{z=0}^{z=4}(zr\,sen\,\theta)r\,dz\,dr\,d\theta \quad \left(\int_0^{\frac{\pi}{2}}sen\,\theta\,d\theta\right)\left(\int_0^2 r^2\,dr\right)\left(\int_0^4 z\,dz\right)$$

Evaluando la integral se tiene que:

$$\left(-\cos\theta\,\Big|_0^{\frac{\pi}{2}}\right)\left(\frac{r^3}{3}\,\Big|_0^2\right)\left(\frac{z^2}{2}\,\Big|_0^4\right) = \frac{64}{3}$$

Posicionar a E como la región delimitada por el cono $z = \sqrt{x^2 + y^2}$ y arriba del paraboloide $z = 2 - x^2 - y^2$ Ver figura 07, configure una triple integral en coordenadas cilíndricas para encontrar el volumen de la región acotada, utilizando los siguientes órdenes de integración, a) $dz, dr, d\theta$ b) $dr, dz, d\theta$.

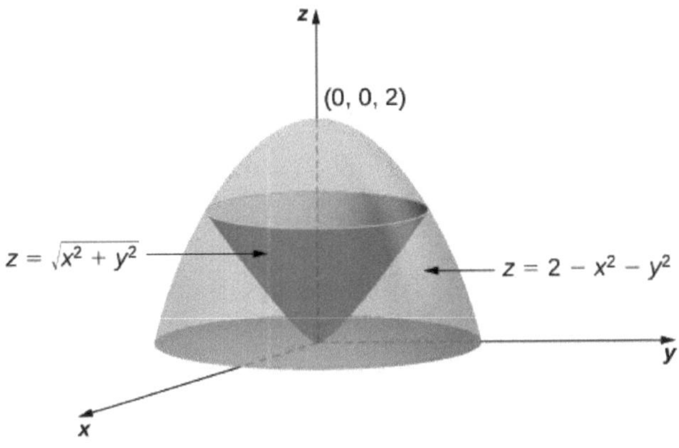

Figura 07

Solución para el ordenamiento a).

Se puede escribir la superficie del cono como $r = z$ y el paraboloide como $r^2 = 2 - z$, el límite inferior para r es cero, pero el límite superior es a veces el cono y las otras veces el paraboloide. El plano $z = 1$ divide a la región en dos regiones. Entonces la región puede escribirse como:

$$E = \{(r, \theta, z) | 0 \le \theta \le 2\pi, 0 \le z \le 1, 0 \le r \le z\}$$
$$\cup \ \{(r, \theta, z) | 0 \le \theta \le 2\pi, 1 \le z \le 2, 0 \le r \le \sqrt{2 - z}\}$$

De tal forma que la integral para volumen se convierte en:

$$V = \int_{\theta=0}^{\theta=2\pi} \int_{z=0}^{z=1} \int_{r=0}^{r=z} r \, dr \, dz \, d\theta$$
$$+ \int_{\theta=0}^{\theta=2\pi} \int_{z=1}^{z=2} \int_{r=0}^{r=\sqrt{2-z}} r \, dr \, dz \, d\theta$$

3. Ejemplo pasando de coordenadas cilíndricas a rectangulares.

Expresar el punto $(r,\theta,z) = 4,5\pi/6,3)$ en coordenadas rectangulares.

Solución: Utilizando las ecuaciones de conversión de cilíndricas a rectangulares, tenemos que:

$$x = 4\cos\frac{5\pi}{6} = 4(-\frac{\sqrt{3}}{2}) = -2\sqrt{3}$$

$$y = 4\,sen\,\frac{5\pi}{6} = 4(\frac{1}{2}) = 2$$

$$z = 3$$

Luego el punto es $P = (-2\sqrt{3},\ 2,\ 3)$ en coordenadas rectangulares. Ver figura 08

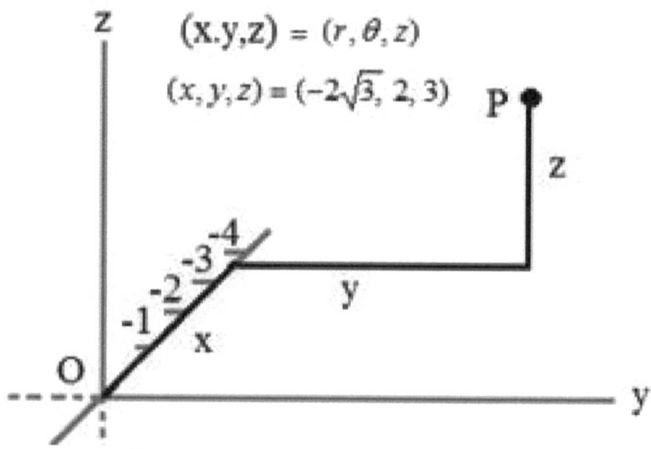

Figura 08

4. Ejemplo, pasando de coordenadas cilíndricas a rectangulares.

Expresar el punto $(x, y, z) = (1, \sqrt{3}, 2)$ en coordenadas cilíndricas y realizar su representación en el plano.

Solución: Utilizando las ecuaciones de conversión de coordenadas rectangulares a cilíndricas se tiene que:

$$r = \pm\sqrt{1 + 3} = \pm 2$$

$$\tan\theta = \sqrt{3} \rightarrow \theta = arctg(\sqrt{3}) + n\pi = \frac{\pi}{3} + n\pi \qquad z = 2$$

Tenemos dos opciones para "r" e infinitas opciones para θ. Como se muestra en la figura 09. Dos representaciones convenientes para el punto son:

En el cuadrante I $\left(2, \dfrac{\pi}{3}, 2\right)$ $r > 0,$ y $(\theta +,+)$

En el cuadrante III $\left(-2, \dfrac{4\pi}{3}, 2\right)$ $r < 0,$ y $(\theta -,-)$

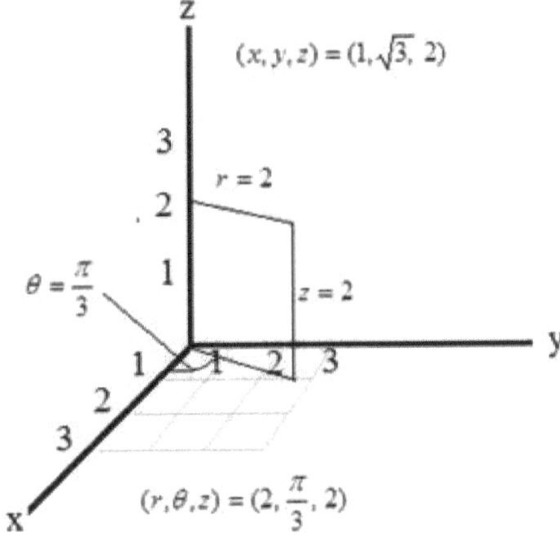

Figura 09

Las coordenadas cilíndricas son especialmente convenientes para la representación de superficies cilíndricas y superficies de revolución que tengan al eje "z" como eje de simetría.

5. Encuentra las coordenadas cilindricas a partir de las coordenadas rectangulares del punto **P** dado.

   P=(-1, 1, 1)

   $$r^2 = (-1)^2 + (1)^2$$
   $$r = \sqrt{1+1}$$
   $$r = \sqrt{2}$$

   $$\text{Tan}\,\theta = \frac{1}{-1}$$
   $$\text{Tan}\,\theta = -1$$
   $$\theta = \text{Tan}^{-1}(-1)$$
   $$\theta = -45°$$
   $$rad = -0.785$$

   Solución: El punto P en coordenadas rectangulares, es el punto $P(\sqrt{2}, -45°, 1)$ en coordenadas cilindrícas.

6. Cambie de coordenadas rectangulares a cilíndricas, el punto $P = (-2, 2\sqrt{3}, 3)$.

   $$r^2 = x^2 + y^2 \Rightarrow r = \sqrt{(-2)^2 + (2\sqrt{3})^2}$$

   $$= \sqrt{4 + 12} = \sqrt{16} = 4$$

   $$\tan\theta = \frac{y}{x} \Rightarrow \tan^{-1}\left(\frac{2\sqrt{3}}{-2}\right) = \tan^{-1}(-1.732) = \text{-59.99°} =$$

-1.04 rad

$z = z \rightarrow 3z$

Solución: $P = (4, -1.04\text{rad.}, 3)$.

7. Convertir de coordenadas cilíndricas a rectangulares, el punto P dado. $P = \left(2, \dfrac{2\pi}{3}, 1\right)$

$$x = r\cos\theta \qquad\qquad y = r\,sen\theta$$

$$x = 2\cos\dfrac{2\pi}{3} \qquad\qquad y = 2\,sen\dfrac{2\pi}{3}$$

$$x = 2\left(\dfrac{-1}{2}\right) \qquad\qquad y = 2\left(\dfrac{\sqrt{3}}{2}\right) \qquad z = z$$

$$x = -1 \qquad\qquad y = \sqrt{3} \qquad\qquad z = 1$$

Solución: $P = (-1, \sqrt{3}, 1)$

8. Determine las coordenadas rectangulares de los puntos cuyas coordenadas. cilíndricas son:

a)   A $(3, \pi/6, -3)$
b)   B $(2, -45°, -3)$

Solución: inciso a)
A (r, θ, z)

9. A $(3, 3,1416/6, -3)$ sustituyendo los valores en las ecuaciones correspondientes:

$$x = r * \cos\phi \qquad x = 3 * \cos(\frac{\pi}{6}) \qquad x = 3 * \frac{\sqrt{3}}{2}$$

$$x = \frac{\sqrt[3]{3}}{2} = 2,59$$

$$y = r * \sin\phi \qquad y = 3 * \sin(\frac{\pi}{6}) \qquad y = 3 * \frac{1}{2}$$

$$y = \frac{3}{2} = 1,5$$

$$z = -3$$

Así, las coordenadas rectangulares de A (3, π/6, -3) son; A (2, 59; 1,5; -3)

También se puede expresar en radicales y fracciones:

$$A(\frac{\sqrt[3]{3}}{2}; \frac{3}{2}; -3)$$

Solución: inciso b)

B(r, Θ, z)
B(2, -45°, 2) sustituyendo los valores en las ecuaciones correspondientes:

$$x = r * \cos\phi \qquad x = 2 * \cos(-45°) \qquad x = 2 * \frac{\sqrt{2}}{2}$$

$$x = \sqrt{2} = 1,41$$

$$y = r * \sin\phi \qquad y = 2 * \sin(-45°) \qquad y = 2 * (-\frac{\sqrt{2}}{2})$$

$$y = -\sqrt{2} = -1,41$$

$z = 2$

Así que las coordenadas rectangulares de $B(2, -45°, 2)$ son;

$B(1.41, -1.41, 2)$

De igual manera se puede dejar expresada en radicales y fracciones: $B(\sqrt{2}, -\sqrt{2}, -2)$

10. Convertir el Punto $(3, -3, -7)$ a coordenadas cilíndricas.

Encontramos r:

$$r = \sqrt{3^2 + (-3)^2} \rightarrow \sqrt{18} \rightarrow 3\sqrt{2}$$

$$\therefore r = 3\sqrt{2}$$

Ahora encontramos θ

$$\theta = \tan^{-1}\frac{-3}{3}$$

$\theta = \tan^{-1} -1$ el cuadrante donde y es negativo (-3) y x s positivo (3) es el IV cuadrante.

$$\therefore \tan^{-1} -1 = \frac{-\pi}{4}$$

Ahora encontramos z:

$$z = z \rightarrow Z = -7$$

Solución: Entonces, el punto en coordenadas cilíndricas es: $3\sqrt{2}, -\frac{\pi}{4}, -7)$.

11. Expresar en coordenadas rectangulares el punto. $(r, \theta, z) = (4, \frac{5\pi}{6}, 3)$

Solución:

Con las fórmulas de conversión de cilíndricas a rectangulares obtenemos.

$$x = 4\cos\frac{5\pi}{6} = 4\left(-\frac{\sqrt{3}}{2}\right) = -2(\sqrt{3})$$

$$y = 4\sin\left(\frac{5\pi}{6}\right) = 4\left(\frac{1}{2}\right) = 2$$

$$z = 3$$

Así pues, en coordenadas rectangulares ese punto es *(x, y, z)*

Es: $(-2\sqrt{3}, 2, 2)$

12. Expresar en coordenadas rectangulares el punto $(r, \theta, z) = (4, \frac{5\pi}{6}, 3)$.

Solución: Con las fórmulas de conversión de cilíndricas a rectangulares obtenemos.

$$x = 4\cos\frac{5\pi}{6} = 4\left(\frac{\sqrt{3}}{2}\right) = -2\sqrt{3}$$

$$y = 4\sin\frac{5\pi}{6} = 4\left(\frac{1}{2}\right) = 2 \quad z = z \quad z = 3$$

Así pues, en coordenadas rectangulares ese punto *es (x, y, z) =*
$(-2)\ (\sqrt{3}, 2, 2)$.

13. Cambiar las coordenadas cilíndricas dadas a coordenadas rectangulares:

$$\left(5, \frac{\pi}{2}, 3\right)$$

$$r = \sqrt{5^2 + \left(\frac{\pi}{2}\right)^2} = 5.24$$

$$\theta = \tan^{-1}\left(\frac{\pi/2}{5}\right) = 17.44 = 0.304 \, rad$$

$$z = 3$$

En coordenadas rectangulares es $(5.2, 0.3, 3)$.

14. Hallar la ecuación en coordenadas cilíndricas para la superficie cuya ecuación rectangular se especifica a continuación:

$$x^2 + y^2 = 4z^2$$

Solución:

Por la sección procedente sabemos que la gráfica de

$$x^2 + y^2 = 4z^2$$

es un cono <<de dos hojas>> con su eje en el eje. Sí sustituimos $x^2 + y^2$ por r^2, obtenemos su ecuación en cilíndricas.

$x^2 + y^2 = 4z^2$	Ecuación en coordenadas rectangulares.
$r^2 = 4z^2$	Ecuación en coordenadas cilíndricas.

15. Hallar la ecuación en coordenadas rectangulares de la gráfica determinada por la ecuación dada en coordenadas cilíndricas: $r^2 \cos^2\theta + z^2 = 0$

Solución:

$r^2\cos^2\theta + z^2 + 1 = 0 \;\; Ecuación\ en\ cilídricas$

$r^2(\cos^2\theta - sen^2\theta) + z^2 = -1$

$x^2 - y^2 + z^2 = -1 \;\; sustituir\ r\cos\theta\ por\ x\ y\ r\ sen\ \theta\ por\ y$

$y^2 - x^2 - z^2 = 1 \;\; ecuación\ rectángular$

Es una hipérbola de dos hojas cuyo eje es el eje y, ver figura 10.

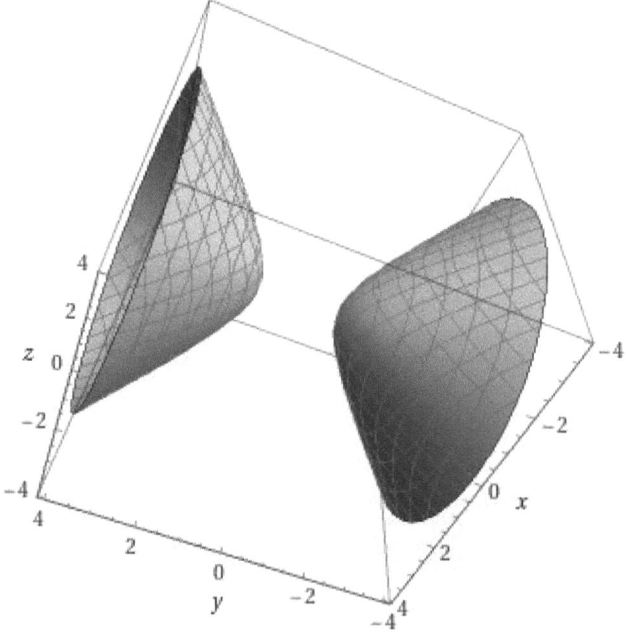

Figura 10. Realizada con WolframAlpha

Ejercicios propuestos con solución.

Resuelva los ejercicios propuestos y encuentre la solución dada para cada ejercicio.

1. Obtenga las coordenadas rectangulares del punto, que tiene la coordenada cilíndrica dada:

$$(3, \frac{1}{2}\pi, 5)$$

Solución: $(0, 3, 5)$

2. Determine el conjunto de coordenadas cilíndricas del punto que tiene las coordenadas rectangulares indicadas:

$$(4, 4, -2)$$

Solución: $(\sqrt{32}, 45°, -2)$

3. Determine las coordenadas cilíndricas de los puntos cuyas coordenadas rectangulares son:

a) A) (3, -2, 1)

b) B) (-√44, 10, -6)

Soluciones:

Entonces, las coordenadas cilíndricas del punto A (3, -2, 1)

Son: A) ($\sqrt{13}$; 326, 31°; 1)

Entonces, las coordenadas cilíndricas del punto B (-$\sqrt{44}$, 10, -6)

Son: B) (12; 146, 44°; -6)

4. Utilizar la integral doble para para hallar el área encerrada por un pétalo de la rosa de cuatro hojas $r = \cos 2\theta$. En (Stewart 2008). Ver figura 11.

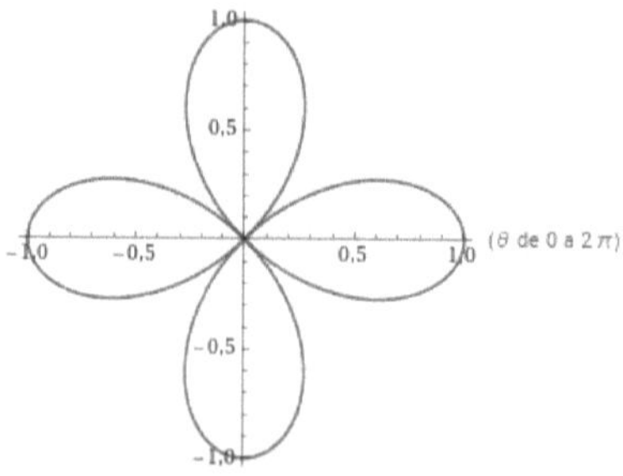

Figura 11

Solución: del bosquejo de la curva se identifica que el pétalo está dado por la región:

$$D = \left\{(r, \theta) \,\middle|\, {}^{-\pi}/_4 \leq 0 \leq {}^{\pi}/_4, \ \ 0 \leq r \leq \cos 2\theta\right\}$$

Así que el área es: $A(D) = \iint_D dA = \int_{-\pi/_4}^{\pi/_4} \int_0^{\cos 2\theta} r \, dr \, d\theta =$

$$\int_{-\pi/4}^{\pi/4} \left[\frac{1}{2}r^2\right]_0^{\cos 2\theta} d\theta = \frac{1}{2}\int_{-\pi/4}^{\pi/4} \cos^2 2\theta \; d\theta =$$

$$\frac{1}{4}\int_{-\pi/4}^{\pi/4} (1 + \cos 4\theta) \; d\theta = \frac{1}{4}\left[\theta + \frac{1}{4}\,sen\,4\theta\right]_{-\pi/4}^{\pi/4} = \frac{\pi}{8}$$

5. Convertir de coordenadas rectangulares a cilíndric4as.

   $(3, 4, 5)$

   Solución: $(5, 1.6\text{rad}, 5)$

6. Hallar ecuaciones en coordenadas cilíndricas para las superficies cuyas ecuaciones rectangulares se especifican a continuación:

   a) $x^2 + y^2 = 4z^2$

   b) $y^2 = x$

   Solución: a)

   $r^2 = 4z^2$ \qquad ecuación en coordenadas cilíndricas.

   Solución: b)

   $r\,\csc\theta\,ctg\,\theta$ \qquad ecuación en cilíndricas.

   Nótese: Que esta ecuación incluye un punto con $r = 0$, así que no se ha perdido nada al dividir ambos miembros por el factor r.

7. Convertir de coordenadas cilíndricas a rectangulares: $\left(2, \dfrac{\pi}{4}, 1\right)$

   Solución: $x = 1.41, y = 1.14, z = 1$ \qquad $P(1.41, 1.41, 1)$

8. Convertir de coordenadas rectangulares a cilíndricas: $P(1,-2,4)$

Solución: $r = \sqrt{2}, \; \theta = 0.7853, \; z = 4$

9. Define las coordenadas cilíndricas del punto dado en coordenadas rectangulares $A) = (3, 3, -2$

Solución: $(4, 45°, -2)$

10. Dado un punto en cartesianas (-3,-4,5) hallar las coordenadas cilíndricas que corresponden a cada lado.

$$r = \sqrt{(-3)^2 + (-4)^2} = 5$$

$$\theta = \tan^{-1}\left(\frac{-4}{-3}\right) = 233°$$

$$Z = 5$$

11. Expresar en coordenadas rectangulares el punto $(r, \theta, z) = (4, \; 5\pi/6, 3)$.

Así pues, en coordenadas rectangulares ese punto es (x, y, z) = $(-2)(\sqrt{3}, 2, 2)$.

12. Determine las coordenadas cilíndricas de los puntos cuyas coordenadas rectangulares son:

a) A(3, -2, 1)

b)   B(-√44, 10, -6)

Soluciones:

Entonces, las coordenadas cilíndricas del punto A (3, -2, 1)

Son: A (√13; 326, 31°; 1)

Entonces, las coordenadas cilíndricas del punto B (-√44, 10, -6)

Son: B (12; 146, 44°; -6)

13. Convertir de coordenadas rectangulares a cilíndricas $(-1,-\sqrt{3},2)$

Solución: (1, 18.2, 2)

14. Hallar ecuaciones en coordenadas cilíndricas para las superficies cuyas ecuaciones rectangulares se especifican a continuación:

a) $x^2 + y^2 = 4z^2$

b) $y^2 = x$

El punto P (-2,-2, 2) esta expresado en coordenadas cartesianas

$x^2 + y^2 = 4z^2$ Ecuación en coordenadas rectangulares.

$r^2 = 4z^2$ Ecuación en coordenadas cilíndricas.

15. Calcule el volumen del sólido acotado por las gráficas de $z = \sqrt{x^2 + y^2}$ y $x^2 + y^2 = 4$ con $z = 0$ Solución: $\dfrac{16\pi}{3}$

Ejercicios propuestos sin solución.

Resuelva los ejercicios propuestos y encuentre su solución además de la representación gráfica,

1. Obtenga las coordenadas rectangulares del punto que tiene la coordenada cilíndrica dada:

$$(7, \frac{2}{3}\pi, -4)$$

2. Determine el conjunto de coordenadas cilíndricas del punto que tiene las coordenadas rectangulares indicadas:

$$(-3\sqrt{3}, 3, 6)$$

3. Hallar ecuaciones en coordenadas cilíndricas para las superficies cuyas ecuaciones rectangulares se especifican a continuación: $x^2 + y^2 = 3z^2 y^2 = 2x$

4. Convertir de coordenadas cilíndricas a rectangulares $\left(1, {}^{3\pi}/_2, 2\right)$

5. Hallar la ecuación en coordenadas rectangulares de la gráfica determinada por la ecuación en cilíndricas:

$$r^2 \cos^2 \theta + z^2 + 1 = 0$$

6. Convertir de coordenadas cilíndricas a rectangulares:

$$P(3, \frac{3\pi}{4}, 2)$$

7. Convertir de coordenadas rectangulares a cilíndricas:

$$P = (5, 1, 2)$$

8. Define las coordenadas rectangulares del punto dado en coordenadas cilíndricas. $(1, \pi, e)$

9. Expresar en coordenadas rectangulares el punto $(r, \theta, z) = (4, 5\pi/6, 3)$.

10. Dado un punto cartesiano $(-3, -4, 5)$, hallar las coordenadas cilíndricas correspondientes.

11. Usando las mismas relaciones entre coordenadas, como se obtiene en la figura 12:

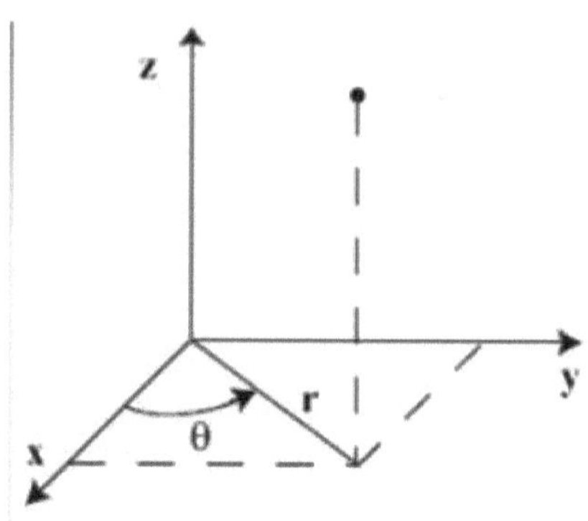

Figura 12

Datos: (r, Ø, z)

Se requiere obtener. (x, y, z)

12. Cambiar el sistema de representación en rectangulares a cilíndricas

    (1,-1,4)   (b) (-1,-) $\sqrt{3}$,2)

13. Convertir coordenadas de cilíndricas a rectangulares $(4, -\pi/3, 5)$

El sistema de coordenadas esféricas.

En un sistema de coordenadas esféricas, en este sistema un punto P en el espacio se representa por un trio ordenado (ρ, θ, φ). De tal manera que:

1. ρ es la distancia orientada desde P hasta el origen $\rho \geq 0$.

2. θ es el mismo ángulo que el usado en coordenadas cilíndricas $0 \leq \theta < 2\pi$.

3. φ es el ángulo entre el eje z positivo y el segmento $\overline{OP}$, $0 \leq \varphi \leq \pi$ .Ver figura 13.

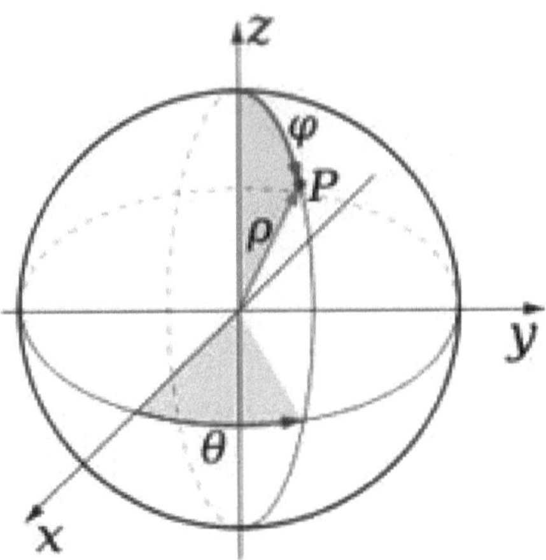

Figura 13

Las coordenadas esféricas tienen su origen en la astronomía y consisten en determinar la posición de un punto (x, y, z) del espacio mediante su distancia al origen $\rho = \sqrt{x^2 + y^2 + z^2}$, su ángulo acimutal (que es el ángulo $\theta = \arctan \left(y/x \right)$ de las coordenadas cilíndricas) y el ángulo cenital $\varphi = \arccos \left(z / \rho \right)$. Hay que recordar que es conveniente apoyarse en la coordenada $r = \sqrt{x^2 + y^2}$ de las coordenadas cilíndricas, la cual cumple $r = \rho \, sen\varphi$ para las siguientes normas.

Normas de conversión para coordenadas esféricas.

Conversión de esféricas a rectangulares.

$$x = r \cos\theta, \quad y = r \, sen\theta, \quad z = \rho \cos\phi$$
$$x = \rho \, sen\phi \cos\theta, \quad y = \rho \, sen\phi \, sen\theta, \quad z = \rho \cos\phi$$

Conversión de rectangulares a esféricas.

$$\rho^2 = x^2 + y^2 + z^2, \quad \tan\theta = \frac{y}{x}, \quad \phi = arc\cos\left(\frac{z}{\sqrt{x^2 + y^2 + z^2}} \right)$$

Integrales múltiples en coordenadas esféricas.

En un sistema de coordenadas tridimensional, además de las coordenadas cartesianas o rectangulares y de las coordenadas cilíndricas utilizamos las coordenadas esféricas. Muchas regiones sólidas comunes tales como esferas, elipsoides, conos y paraboloides, pueden en su proceso de solución conducirnos a integrales múltiples de complicados cálculos en coordenadas cartesianas o rectangulares, donde precisamente esta complicación en la solución de los ejercicios propuestos en este sistema condiciona a utilizar otro tipo de coordenadas como las cilíndricas o esféricas, este apartado trata sobre el uso de las integrales múltiples para la solución de este tipo de ejercicios.

Se considera que un sistema de coordenadas esféricas es especialmente útil en ejercicios donde se presenta simetría en torno de un punto, y el origen se coloca en ese punto como por ejemplo en la región sólida de una esfera.

Al igual que las coordenadas triples en coordenadas cilíndricas las integrales triples en coordenadas esféricas se calculan mediante integrales iteradas, como se realiza en (Larsson, Hostetler, Edwards. 1995).

Hallar el centro de masas de la región sólida Q, de densidad uniforme, limitada inferiormente por el interior de la hoja superior de un cono representado por $z^2 = x^2 + y^2$, y superiormente por la esfera $x^2 + y^2 + z^2 = 9$.

Solución:

Puesto que la densidad es uniforme, consideramos que el punto (x, y, z) es k. Por simetría, el centro de masas está en el eje z, y se requiere calcular solamente $\bar{z} = M_{xy}/m$, donde $m = kV = 9k\pi(2 - \sqrt{2})$, como $z = \rho \cos \emptyset$, se sigue que:

$$M_{xy} = \iiint\limits_{Q} kz \, dV = k \int_0^3 \int_0^{2\pi} \int_0^{\pi/4} (\rho \cos \emptyset)\rho^2 \, sen \, \emptyset \, d\emptyset \, d\theta \, d\rho$$

$$= k \int_0^3 \int_0^{2\pi} \rho^3 \frac{sen^2 \emptyset}{2} \Big|_0^{\pi/4} d\theta \, d\rho$$

$$= \frac{k}{4} \int_0^3 \int_0^{2\pi} \rho^3 \, d\theta \, d\rho$$

$$= \frac{k\pi}{2} \int_0^3 \rho^3 \, d\rho = \frac{81k\pi}{8}$$

De tal forma que.

$$\bar{z} = \frac{M_{xy}}{m} = \frac{81k\pi/8}{9k\pi(2 - \sqrt{2})} = \frac{9(2 + \sqrt{2})}{16} \approx 1.92$$

Donde el centro de masas se encuentra en $(0, 0, 1.92)$

En (Stewart, J. 2008), se muestra la importancia de utilizar coordenadas esféricas en un ejemplo que se resuelve en estas coordenadas ya que caso contrario en coordenadas rectangulares el grado de dificultad se tornaría muy complicado para resolver.

Evalúe $\iiint_B e^{\left(x^2+y^2+z^2\right)^{3/2}} dV$ donde B es una bola unitaria.

$$B = \{(x, y, z)| x^2 + y^2 + z^2 \leq 1\}$$

Solución:

Puesto que el límite de B es una esfera, se utilizan coordenadas esféricas.

$$B = \{(\rho, \theta, \emptyset) | 0 \leq \rho \leq 1, \ 0 \leq \theta \leq 2\pi, \ 0 \leq \theta \leq \pi\}$$

Además las coordenadas esféricas son apropiadas porque:

$$x^2 + y^2 + z^2 = \rho^2$$

De tal forma que:

$$\iiint_B e^{(x^2+y^2+z^2)^{3/2}} \, dV = \int_0^\pi \int_0^{2\pi} \int_0^1 e^{(\rho^2)^{3/2}} \rho^2 \, sen \, \emptyset \, d\rho \, d\theta \, d\emptyset$$

$$= \int_0^\pi sen \, \emptyset \, d\emptyset \int_0^{2\pi} d\theta \int_0^1 \rho^2 e^{\rho^3} d\rho$$

$$[-\cos \emptyset]_0^\pi (2\pi) \left[\frac{1}{3} e^{\rho^3}\right]_0^1 = \frac{4}{3}\pi(e-1)$$

Habría sido extremadamente difícil evaluar la integral anterior sin coordenadas esféricas. En coordenadas rectangulares la integral habría sido de la siguiente forma:

$$\int_{-1}^1 \int_{-\sqrt{1-x^2}}^{\sqrt{1-x^2}} \int_{-\sqrt{1-x^2-y^2}}^{\sqrt{1-x^2-y^2}} e^{(x^2+y^2+z^2)^{3/2}} \, dz \, dy \, dx$$

Ejercicios resueltos con solución.

1. Hallar una ecuación en coordenadas esféricas para la superficie cuya ecuación del cono $x^2 + y^2 = z^2$ está dada en coordenadas rectangulares.

   Solución:

   Utilizando la fórmula de conversión conveniente y realizando las sustituciones adecuadas para las variables x, y, z en la ecuación del cono, se obtiene:

   Formula de conversión

   $$x = \rho\, sen\phi \cos\theta, \qquad y = \rho\, sen\phi\, sen\theta, \qquad z = \rho \cos\phi$$

   Ecuación del cono $x^2 + y^2 = z^2$

   Sustitución de las variables

   $$\rho^2 sen^2\phi^2 \cos^2\theta + \rho^2 sen^2\phi\, sen^2\theta = \rho^2 \cos^2\phi$$

   Factorizando elementos comunes

   $$\rho^2 sen^2\phi\,(\cos^2\theta + sen^2\theta) = \rho^2 \cos^2\phi$$

   Sustituyendo la identidad trigonométrica

   $$\rho^2 sen^2\phi\,(1) = \rho^2 \cos^2\phi$$

   Simplificando $\rho^2 sen^2\phi = \rho^2 \cos^2\phi$

   Reacomodando elementos comunes $\dfrac{sen^2\phi}{\cos^2\phi} = \dfrac{\rho^2}{\rho^2}$,   para $\rho \geq 0$

   Simplificando $\tan^2\phi = 1$

Por lo tanto $\phi = \dfrac{\pi}{4}$ o $\dfrac{3\pi}{4}$ donde la expresión $\phi = \dfrac{\pi}{4}$ representa la mitad superior del cono.

Y $\phi = \dfrac{3\pi}{4}$ la mitad inferior.

2. Determine las coordenadas rectangulares de los puntos cuyas coordenadas esféricas son: $(\rho, \theta, \varphi) = (6, 60°, 60°)$.

$x = \rho.sen\theta.\cos\phi$ $\qquad\qquad$ $y = \rho.sen\theta.sen\phi$

$x = 6.sen60°.\cos 60°$ $\qquad\qquad$ $y = 6.sen60°.\cos 60°$

$x = 6.\dfrac{\sqrt{3}}{2}.\dfrac{1}{2}$ $\qquad\qquad\qquad$ $y = 6.\dfrac{\sqrt{3}}{2}.\dfrac{\sqrt{3}}{2}$

$x = 2.59$ $\qquad\qquad\qquad\qquad$ $y = 4.5$

$z = \rho.\cos\phi$

$z = 6.\cos 60°$

$z = 3$

Solución: $(x, y, z) = (2.59, 4.5, 3)$.

3. Convertir de coordenadas esféricas a rectangulares.

El punto $(2, \pi/4, \pi/3)$ se da en coordenadas esféricas. Traza el punto y encuentra sus coordenadas rectangulares.

Solución:

$$x = \rho\, sen\, \emptyset \cos 0 = 2\, sen\, \dfrac{\pi}{3}\cos\dfrac{\pi}{4} - 2\left(\dfrac{\sqrt{3}}{2}\right)\left(\dfrac{1}{\sqrt{2}}\right) - \sqrt{\dfrac{3}{2}}$$

$$y = \rho \, sen \, \emptyset = 2\cos\frac{\pi}{3}\sin\frac{\pi}{4} - 2\left(\frac{\sqrt{3}}{2}\right)\left(\frac{1}{\sqrt{2}}\right)\frac{-\sqrt{3}}{2}$$

$$z = \rho \cos \emptyset = 2\cos\frac{\pi}{3} = 2\left(\frac{1}{2}\right) = 1$$

Solución: el punto $(2, \,{}^{\pi}/_{4}, {}^{\pi}/_{3})$ es $(\frac{\sqrt{3}}{2}, \frac{\sqrt{3}}{2}, 1)$.

4. Use coordenadas esféricas para hallar el volumen del sólido que yace arriba del cono $z = \sqrt{x^2 + y^2}$ y debajo de la esfera $x^2 + y^2 + z^2 = z$ Ver figura 14.

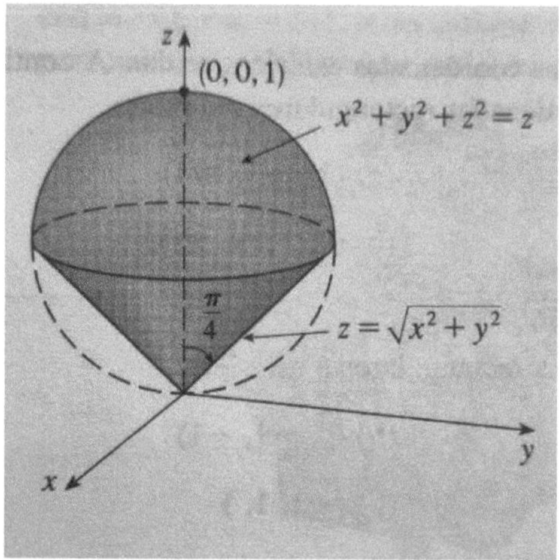

Figura 14

Solución: Observe que la esfera pasa por el origen y tiene centro $C(0, 0, {}^{1}/_{2})$ se escribe la ecuación de la esfera en coordenadas esféricas como:

$$\rho^2 = \rho\cos\varphi \qquad o \qquad \rho\cos\varphi$$

La ecuación del cono puede escribirse como :

$$\rho\cos\varphi = \sqrt{\rho^2\cos^2\varphi \, \cos\theta + \rho^2 \, sen^2\varphi \, sen^2\theta} = \rho \, sen \, \varphi$$

Esto da: $sen\,\varphi = \cos\varphi$ o $\varphi = \pi/4$. Por lo tanto la descripción del sólido E en coordenadas esfericas es:

$$E = \{(\rho, \theta, \varphi) \mid 0 \le \theta \le 2\pi, \; 0 \le \varphi \le \pi/4, \; 0 \le \rho \le cos\varphi\}$$

Determinación del barrido (condición de determinar el movimiento de las variables en el espacio tridimensional) para las variables:

ρ varía de 0 a $\cos\varphi$ mientras que φ y θ permanecen constantes.

$\varPhi$ varia de 0 a $\pi/4$ mientras que θ es constante.

θ varía de 0 a 2π

Por tanto el volumen de E es:

$$V(E) = \iiint_E dV = \int_0^{2\pi} \int_0^{\pi/4} \int_0^{\cos\varphi} \rho^2\, sen\,\varphi\, d\rho\, d\varphi\, d\theta$$

5. Encuentra el sistema de coordenadas rectangulares con las coordenadas esféricas dadas en el punto A $(4, \pi/4, \pi/3)$.

$$x = 4\sin\left(\frac{\pi}{4}\right)\cos(\frac{\pi}{3})$$

$$x = (4)\left(\frac{\sqrt{2}}{2}\right)\left(\frac{1}{2}\right)$$

$$x = \sqrt{2} = 1.41$$

$$y = 4\sin(\frac{\pi}{4})\sin(\frac{\pi}{3})$$

$$y = (4)\left(\frac{\sqrt{2}}{2}\right)\left(\frac{\sqrt{3}}{2}\right)$$

$$y = \sqrt{6} = 2.45$$

$$z = 4\cos\left(\frac{\pi}{3}\right)$$

$$z = 4\left(\frac{1}{2}\right)$$

$$z = 2$$

Solución: $A(\sqrt{2}, \sqrt{6}, 2)$

6. Convertir las coordenadas cartesianas (2, 3, 8) en sus coordenadas esféricas equivalentes.

$$r = \sqrt{x^2 + y^2 + z^2} = \sqrt{2^2\ 3^2\ 8^2} = 8{,}77$$
$$\theta = \arccos\left(\frac{z}{r}\right) = \left(\frac{8}{8.77}\right) = 24{,}26°$$
$$\varphi = \arctan\left(\frac{y}{x}\right) = \left(\frac{3}{2}\right) = 56{,}31°$$

Esta respuesta se calcula en grados.

7. El punto $(0, 2\sqrt{3}, -2)$ está dado en coordenadas rectangulares. Encuentre coordenadas esféricas para este punto.

Solución. De la ecuación 2 tenemos:
$$p = \sqrt{x^2 + y^2 + z^2} = \sqrt{0 + 12 + 4} = 4$$
Entonces las ecuaciones 1 dan:
$$\cos\phi = \frac{z}{\rho} = \frac{-2}{4} = -\frac{1}{2}$$
$$\phi = \frac{2\pi}{3}$$

$$\cos\theta = \frac{x}{\rho sen\phi} = 0$$

$$\theta = \frac{\pi}{2}$$

(Observe que $\theta \neq \frac{3\pi}{2}$ por qué $y = 2\sqrt{3} > 0$). Por tanto las coordenadas esféricas del punto dado son $\left(4, \frac{\pi}{2}, \frac{2\pi}{3}\right)$.

8. Dado un punto en cartesianas $(-5, 3. -4)$. Hallar las coordenadas esfericas que corresponden al punto dado.

Solución:
$$R = \sqrt{x^2 + y^2 + z^2} = \sqrt{-5^2 + 3^2 - 4^2} = 5\sqrt{2}$$
$$\theta = tan^{-1}\left(\frac{\sqrt{x^2 + y^2}}{z} = tan^{-1}\left(\frac{\sqrt{-5^2 + 3^2}}{-4}\right) = 124°\right)$$
$$\varphi = tan^{-1}\left(\frac{y}{x}\right) = tan^{-1}\left(\frac{3}{-5}\right) = 149°$$

9. Consideremos el punto $(2, -3, 6)$ en coordenadas cartesianas. Calcula las coordenadas esféricas.

Solución:
$$\rho : \sqrt{x^2 + y^2 + z^2} = \sqrt{2^2 + (-3)^2 + 6^2} = \sqrt{49} = 7.$$

$$\theta : 2\pi + \arctan(\frac{y}{x}) = 2\pi + \arctan(\frac{-3}{2}) = 5,3004\,\text{radianes} = 303,69°$$

$$\phi = \arccos(\frac{z}{p}) = \arccos(\frac{6}{7}) = 0,541 = 31,0°$$

10. Determine las coordenadas esféricas de los puntos cuyas coordenadas rectangulares son:

a) A(1, -2, 3)
b) B(-3, 2, 0)
    Solución: Punto A

A(x, y, z)
A (1, -2, 3) sustituyendo en las ecuaciones correspondientes:

$$\rho = \sqrt{x^2 + y^2 + z^2} \quad \rho = \sqrt{1^2 + (-2)^2 + 3^2} \quad \rho = \sqrt{1+4+9}$$
$$\rho = \sqrt{14}$$

A esta en el IV octante, por lo tanto:

$$\theta = a\tan(\frac{2}{x}) + 360° \quad \theta = a\tan(\frac{-2}{1}) + 360°$$
$$\theta = -63,43° + 360° \rightarrow \theta = 296,56°$$
$$\phi = a\cos(\tfrac{z}{\rho}) \qquad \phi = a\cos(\tfrac{3}{\sqrt{14}}) \qquad \phi = 36,70°$$

Así, las coordenadas esféricas de A (1, -2, 3) son:
$$A = (\sqrt{14}; 296,56°; 36,70°)$$

De igual manera, se pueden expresar en decimales; A (3,74; 296,56°; 36,70°)

Solución: punto B
B (x, y, z)
B (-3, 2, 0) sustituyendo en las ecuaciones correspondientes:

$$\rho = \sqrt{x^2 + y^2 + z^2} \quad \rho = \sqrt{(-3)^2 + 2^2 + 0^2} \quad \rho = \sqrt{9+4+0}$$
$$\rho = \sqrt{13}$$

B está en el III octante, por lo tanto:

$$\theta = a\tan\left(\frac{2}{-3}\right) + 180° \qquad \theta = -33,69° + 180° \quad \rightarrow \theta = 146,31°$$

$$\phi = a\cos\left(\frac{z}{\rho}\right) \qquad \phi = a\cos\left(\frac{0}{\sqrt{13}}\right) \qquad \phi = a\cos(0) \quad \phi = 90°$$

Así, las coordenadas esféricas de B (-3, 2, 0) son:

$$B = \left(\sqrt{13}, 296.56°, 36.70°\right)$$

11. Determine las coordenadas rectangulares de los puntos cuyas coordenadas esféricas son:

a) A(6, 60°, 60°)

b) B(4, $\pi/4$; $\pi/3$)

Solución: Punto A

A($\rho; \theta; \phi$)

A(6; 60°; 60°): Sustituyendo los valores en las ecuaciones correspondientes:

$$x = \rho.\sin\theta.\cos\phi \qquad x = 6.\sin 60°.\cos 60° \qquad x = 6.\frac{\sqrt{3}}{2}.\frac{1}{2}$$

$$x = \frac{3\sqrt{3}}{2} = 2,59$$

$$y = \rho.\sin\theta.\cos\phi \qquad y = 6.\sin 60°.\cos 60° \qquad y = 6.\frac{\sqrt{3}}{2}.\frac{\sqrt{3}}{2}$$

$$y = \frac{9}{2} = 4,5$$

c) Así, las coordenadas rectangulares de A(6, 60°, 60°) son A(2,59; 4,3; 3)

Se pueden dejar indicadas como radicales y fracciones: A $(\frac{3\sqrt{3}}{2};\frac{9}{2};3)$

Punto B

B $(\rho;\theta;\phi)$

12. $B\left(4,\frac{\pi}{4},\frac{\pi}{3}\right)$ Sustituyendo los valores en las ecuaciones correspondientes.

$$x = \rho.\sin\theta.\cos\phi \qquad x = 4.\sin(\frac{\pi}{4}).\cos(\frac{\pi}{3}) \qquad x = 4.\frac{\sqrt{2}}{2}.\frac{1}{2}$$
$$x = \sqrt{2} = 1,41$$

$$y = \rho.\sin\theta.\cos\phi \qquad y = 4.\sin(\frac{\pi}{4}).\cos(\frac{\pi}{3}) \qquad y = 4.\frac{\sqrt{2}}{2}.\frac{3}{2}$$
$$x = \sqrt{6} = 2,45$$

$$z = \rho.\cos\phi \qquad z = 4.\cos(\frac{\pi}{3}) \qquad z = 4.\frac{1}{2} \qquad z = 2$$

Así, las coordenadas rectangulares de B(4, $\pi/4;\pi/3$) son: B(1,41; 2,45; 2)

Se pueden dejar indicadas como radicales y fracciones: B($\sqrt{2};\sqrt{6};2$)

13. Un punto sobre una esfera de radio 5m, se encuentra localizado en los ángulos y Encuentre las Coordenadas rectangulares correspondientes al punto.

Solución:

$x = 5$ x Sen $\left(\frac{\pi}{3}\right)$ x Cos $\left(\frac{3\pi}{4}\right)$ = 5 x 0.866 x (-0.707) = -3.06

$y = 5$ x Sen $\left(\frac{\pi}{3}\right)$ x Sen $\left(\frac{3\pi}{4}\right)$ = 5 x 0.866 x 0.707 = 3.06

$z = 5$ x Cos $\left(\frac{\pi}{3}\right)$ = 2.5

14. Convertir de coordenadas esféricas a rectangulares.

El punto $\left(4, \frac{\pi}{2}, \frac{2\pi}{3}\right)$ es dado en coordenadas esféricas. Encontrar sus coordenadas rectangulares.

$$x = \rho \sin \emptyset \cos \theta = 4 \sin\frac{2\pi}{3}\cos\frac{\pi}{4} = 4\left(\frac{\sqrt{3}}{2}\right)\left(\frac{\sqrt{2}}{2}\right) = 4.89$$

$$y = \rho \sin \emptyset \sin \theta = 4 \sin\frac{2\pi}{3}\sin\frac{\pi}{4} = 4\left(\frac{\sqrt{3}}{2}\right)\left(\frac{\sqrt{2}}{2}\right) = 4.89$$

$$z = \rho \cos \emptyset = 4 \cos\frac{2\pi}{3} = 4\left(-\frac{1}{2}\right) = -\frac{4}{2} = -2$$

Entonces, el punto $\left(4, \frac{\pi}{2}, \frac{2\pi}{3}\right)$ es $(4.89, 4.89, -2)$ en coordenadas rectangulares-

Ejercicios propuestos con solución.

1. Halla una ecuación en coordenadas esféricas para la superficie representada por la ecuación en coordenadas rectangulares de una esfera.

   Esfera $x^2 + y^2 + z^2 - 4z = 0$

   Solución. Descartando la posibilidad de que $\rho = 0$ se obtiene la ecuación en esféricas.

   $$\rho - 4\cos\varphi = 0 \quad \Rightarrow \quad \rho = 4\cos\varphi$$

2. Transforme de coordenadas esféricas a rectangulares:
   $$\left(\rho, \theta, \phi\right) = \left(4, \frac{\pi}{4}, \frac{\pi}{3}\right)$$

   Solución: $(x, y, z) = (1.41, 2.45, 2)$

3. Encuentra el sistema de coordenadas rectangulares con las coordenadas esféricas dadas en el punto B $(2, \pi/3, \pi/4)$.

   $R = B(\frac{\sqrt{2}}{2}, \frac{\sqrt{6}}{2}, \sqrt{2})$

4. El punto$(1,0,0)$ es dado en coordenadas esféricas. Encontrar sus coordenadas rectangulares.

   Solución: Entonces, el punto $(1,0,0)$ es $(0,0,1)$ en coordenadas rectangulares.

5. Consideremos un punto dado en coordenadas esféricas $(1, -\pi/2, \pi/4)$. Ver figura 15.

Calcular sus coordenadas cartesianas y dibujarlo.

Solución:

$$x = \rho \, sen\phi \cos\theta = 1sen(\frac{\pi}{4})\cos(-\frac{\pi}{2}) = (\frac{\sqrt{2}}{2}).0 = 0,$$

$$y = \rho \, sen\phi \, sen\theta = 1sen(\frac{\pi}{4})sen(-\frac{\pi}{2}) = (\frac{\sqrt{2}}{2})(-1) = -\frac{\sqrt{2}}{2},$$

$$z = \rho\cos\phi = 1\cos(\frac{\pi}{4}) = \frac{\sqrt{2}}{2}.$$

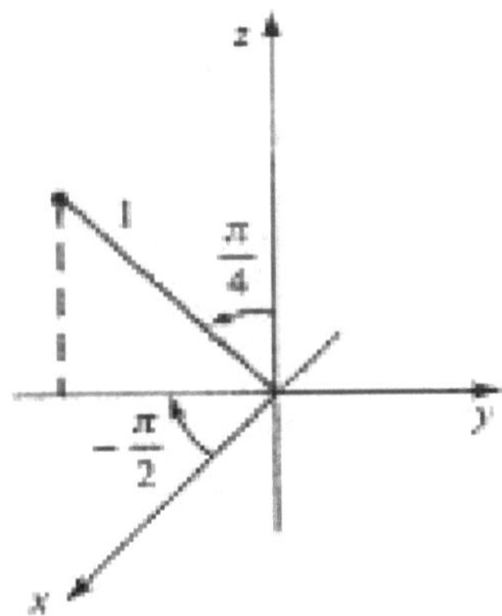

Figura 15

6. Convierte las coordenadas cartesianas (5,8,13) en coordenadas esféricas

   r: 15,56

θ: 33,31°

φ: 69,44°

7. Convierte las coordenadas esféricas (45, 33°, 37°) a coordenadas cartesianas

   X: 35,94

   Y: 27,08

   Z: 37,74

8. convertir de coordenadas rectangulares a esféricas.   (1, √3, 0)

   La solución al ejercicio propuesto es: Las coordenadas esféricas: (4,π/3, 4)

9. Calcular las coordenadas esféricas del punto (1, -1, 1) y dibujarlo. Solución

$$\phi = arc\cos\left(\frac{z}{\rho}\right) = arc\cos\left(\frac{1}{\sqrt{3}}\right) \approx 0.955 \approx 54.74°$$

10. Convertir el punto $(2, \frac{\pi}{4}, \frac{\pi}{3})$a coordenadas rectangulares.

11. El punto en coordenadas rectangulares es: $(\sqrt{\frac{3}{2}}, \sqrt{\frac{3}{2}}, 1)$

Ejercicios propuestos sin solución.

1. Hallar una ecuación en coordenadas esféricas para la superficie cuya ecuación de la esfera $x^2 + y^2 + z^2 - 4z = 0$ está dada en coordenadas rectangulares.

2. Transforme de coordenadas esféricas a rectangulares:

$$\left(\rho, \theta, \phi\right) = \left(7, \frac{\pi}{5}, \frac{\pi}{2}\right)$$

3. Calcula las coordenadas cartesianas del punto (3, π/6, π/4), dado en coordenadas esféricas y representarlo gráficamente:

4. Escribir en coordenadas rectangulares las siguientes ecuaciones las cuales se encuentran en coordenadas esféricas. Exprese su resultado en la forma de una ecuación de segundo orden.

(a) ρ = 2

(b) φ = π 3

(c) cos φ = ρ sin2 φ cos 2θ

(d) ρ sin φ cos θ = 3

5. El punto$\left(1, \frac{\pi}{7}, 9\right)$ es dado en coordenadas esféricas. Graficar el punto y encontrar sus coordenadas rectangulares

.

6. Encuentra el sistema de coordenadas rectangulares con las coordenadas esféricas dadas en el punto C $(2, \pi/3, \pi/4)$.

7. Demostrar que para representar cualquier punto de R^3 mediante coordenadas esféricas basta tomar valores de θ entre 0 y 2π valores de φ entre 0 y π, y valores de $\rho \geq 0$. ¿Son únicas estas coordenadas si admitimos que $\rho \leq 0$

8. Un tanque que tiene forma de cilindro circular recto de radio 3m y altura 5m está lleno hasta la mitad de líquido y reposa de lado a lado. Describir el espacio vacío dentro del tanque eligiendo un sistema adecuado de coordenadas cilíndricas.

9. Convierte las coordenadas esféricas (12, 20°, 60°) en su coordenada cartesiana equivalente.

10. Escribe las ecuaciones en coordenadas esféricas.

$$x^2 - 2x + y^2 + z = 0$$

$$x + 2y + 3z = 1$$

11. Consideramos el punto (2, -3, 6) en coordenadas cartesianas. Calcular sus coordenadas esféricas.

12. Un tanque que tiene forma de cilindro circular recto de radio 3m y altura 5m está lleno hasta la mitad de líquido y reposa

de lado a lado. Describir el espacio vacío dentro del tanque eligiendo un sistema adecuado de coordenadas cilíndricas.

13. Escribir en coordenadas rectangulares las siguientes ecuaciones las cuales se encuentran en coordenadas esféricas. Exprese su resultado en la forma de una ecuación de segundo orden.

$a)\ \rho = 2$

$b)\ \varphi = \pi^3$

$c)\ \cos\varphi = \rho\,sen\,2\varphi\,\cos 2\theta$

$d)\ \rho\,sen\,\varphi\,\cos\theta = 3$

Diferenciales en coordenadas Cartesianas, Cilíndricas y Esféricas.

El concepto de la diferencial de una función permite representar la derivada como un cociente y hallar el valor aproximado de la variación de una función alrededor de un punto.

Si $z = f(x, y)$ y Δx, Δy son incrementos de "x" y de "y" entonces las diferenciables de las variables independientes, "x" e "y" son: $dx = \Delta x \quad y \quad dy = \Delta y$ y la diferencial total de la variable dependiente "z" es.

$$dz = \frac{\partial z}{\partial x} dx + \frac{\partial z}{\partial y} dy = f_x(x, y)dx + f_y(x, y)dy$$

Esta definición puede extenderse a funciones de tres o más variables. Por ejemplo, si $w = f(x, y, z, u)$ entonces:

$dx = \Delta x, \, dy = \Delta y, \, dz = \Delta z \quad y \quad du = \Delta u$ y la diferencial total de "w" es: $dw = \frac{\partial w}{\partial x} dx + \frac{\partial w}{\partial y} dy + \frac{\partial w}{\partial z} dz + \frac{\partial w}{\partial u} du$

En el estudio del calculo diferencial para funciones de varias variables en un contexto muy general, definiendo la diferenciabilidad de funciones se define la diferenciabilidad de funciones entre espacios normados arbitrarios.

Diferenciabilidad definición:

Una función f dada por $z = f(x, y)$ es diferenciable en (x, y) si el incremento de z puede expresarse como:

$$\Delta z = f_x(x_0, y_0)\Delta x + f_y(x_0, y_0)\Delta y + \varepsilon_1 \Delta x + \varepsilon_2 \Delta y$$

donde ambos ε_1 y $\varepsilon_2 \to 0$ *cuando* $(\Delta x, \Delta y) \to 0$ Se dice que la función "f" es diferenciable en la región R si es diferenciable en todo punto de "R"

Obsérvese que el término diferenciable se usa diferente al aplicarlo a funciones de dos variables y a funciones de una variable. Una función de una variable es diferenciable en un punto si su derivada en ese punto existe. Sin embargo para una deriva de dos variables la existencia de las derivadas parciales f_x y f_y no garantiza que la función sea diferenciable.

NOTA: Ver teorema para la condición de Diferenciabilidad. Larsson Hostetler 2° edición pág. 1021.

Una de las aplicaciones de los diferenciales en coordenadas cartesianas se aplica en la interpretación de la tomo grafía eléctrica cerebral, esto posibilita al investigador una exploración más completa de una tomografía funcional, mediante la visualización de los tres planos ortogonales (axial, coronal, sagital).

En un sistema de coordenadas un punto se representa como la intersección de tres superficies ortogonales, llamadas superficies coordenadas del sistema.

$$u_1 = Cte, \quad u_2 = Cte, \quad u_3 = Cte$$

Las líneas de intersección de las superficies coordenadas se llaman curvas coordenadas y son ortogonales entre sí.

Los vectores unitarios tangentes a las curvas coordenadas son mutuamente ortogonales y coinciden con los vectores unitarios perpendiculares a las superficies coordenadas.

Un punto queda determinado por la intersección de estos tres planos y sus coordenadas vienen dadas por las tres constantes de los planos (x,y,z). Las líneas coordenadas son rectas perpendiculares entre si y los vectores unitarios, que llevan sus direcciones se denominan $\hat{x}$, $\hat{y}$, $\hat{z}$ por lo que un vector se escribirá, $\vec{r} = x\hat{x} + y\hat{y} + z\hat{z}$ de la misma forma que $\vec{r} = a_1\hat{a}_1 + a_2\hat{a}_2 + a_3\hat{a}_3$ por lo que hay que tener especial cuidado a la hora de referenciar la notación para el vector, que para casos particulares los tres vectores se mantienen constantes en todos los puntos del espacio.

También ocurre que las coordenadas son métricas, por lo que los factores de escala son la unidad y, en las direcciones de los ejes coordenados los *diferenciales* son:

El Diferencial de longitud, Diferencial de superficie y el Diferencial de volumen.

Diferencial de longitud: $dl_1 = dx, \quad dl_2 = dy, \quad dl_3 = dz$

Diferencial de superficie, para cada una de las superficies coordenadas:

$$dS_1 = dl_2 \, dl_3 = dy \, dz$$
$$dS_2 = dl_1 \, dl_3 = dx \, dz$$
$$dS_3 = dl_1 \, dl_2 = dx \, dy$$

Diferencial de volumen: $dV = dl_1 \, dl_2 \, dl_3 = dx \, dy \, dz$. Ver figura 16 y 17.

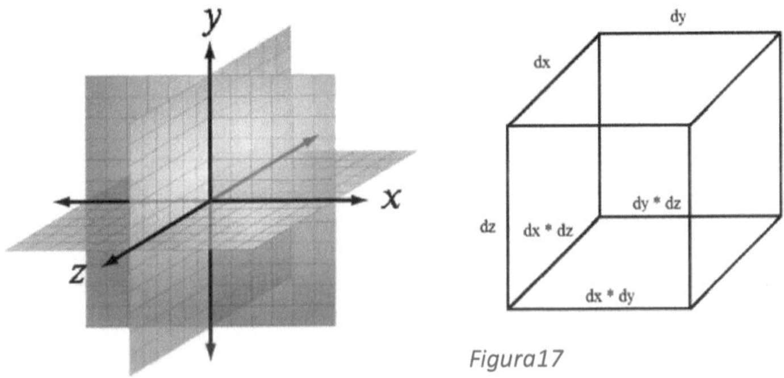

Figura17

Figura 16

En general los vectores unitarios cambian de dirección de un punto a otro del espacio.

Diferenciales en coordenadas cilíndricas.

Las superficies coordenadas son, los planos $Z = Cte$, semiplanos que contienen al eje z y forman un ángulo φ con el semiplano X, Z y cilindros de eje Z y radio ρ.

Por tanto las coordenadas de un punto vienen dadas por la intersección de tres de estas superficies, y se especifican mediante la terna (ρ, φ, z), las líneas coordenadas ya no son todas rectas, y los vectores unitarios se denominan $\hat{\rho}, \hat{\phi}, \hat{z}$. La dirección de los vectores $\hat{\rho}$ y $\hat{\phi}$ varía según el punto del espacio considerado.

Las coordenadas $\hat{\rho}$ y z son métricas por lo que el factor de la escala es la unidad. Sin embargo la coordenada $\hat{\phi}$ es angular, sigue siendo el factor de escala ρ , de modo que un diferencial de arco en la coordenada ϕ mide $d\phi = \rho\ d\phi$: $dl_1 = d\rho,\quad dl_2 = \rho\, d\phi,\quad dl_3 = dz$. Ver figura 18.

Los diferenciales de la superficie, sobre las superficies coordenadas serán: $dS_1 = \rho\, d\phi\, dz,\quad dS_2 = d\rho\, dz,\quad dS_3 = \rho\, d\phi\, d\rho$. Ver figura 18 y 19.

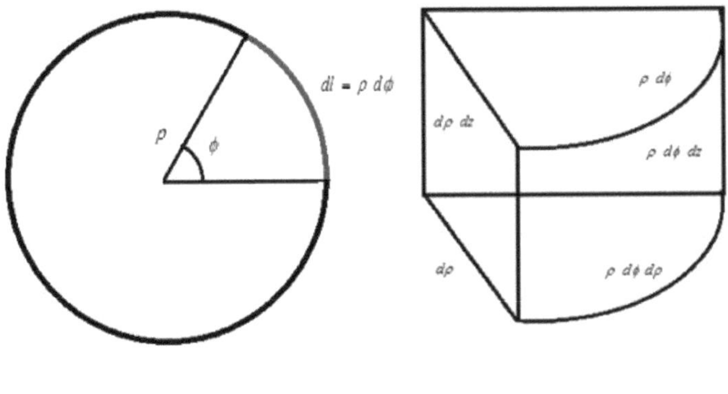

Figura 18   Figura 19

Por último el diferencial de volumen es: $dV = \rho \, d\phi \, d\rho \, dz$

Diferenciales en coordenadas esféricas.

Las superficies coordenadas en el sistema de coordenadas esféricas son, una esfera de radio "r" un cono de eje "z" y centro en el origen de coordenadas, cuya superficie forma un ángulo θ con el eje "z" y el semiplano que contiene al eje "z" y forma un ángulo φ con el semiplano "x, z". $r = cte, \quad \phi = cte, \quad \theta = cte$.

Las coordenadas de un punto vienen dadas por la terna $(r. \phi, \theta)$, y los vectores unitarios $\hat{r}, \hat{\theta}, \hat{\phi}$ todos los vectores varían su dirección según el punto del espacio considerado.

Únicamente la coordenada "r" es métrica y le corresponde un factor de escala 1. Para coordenadas θ y ϕ los factores de escala son, respectivamente $r(sen\ \theta)$.

Y "r". $dl_1 = dr, \quad dl_2 = r(sen\theta)d\phi, \quad dl_3 = rd\theta$

Para los diferenciales de superficie las expresiones son: $dS_1 = r^2 sen(\theta)\ d\phi\ d\theta, \quad dS_2 = r\ d\theta\ dr, \quad dS_3 = r\ sen(\theta)\ d\phi\ dr$. Ver figura 20.

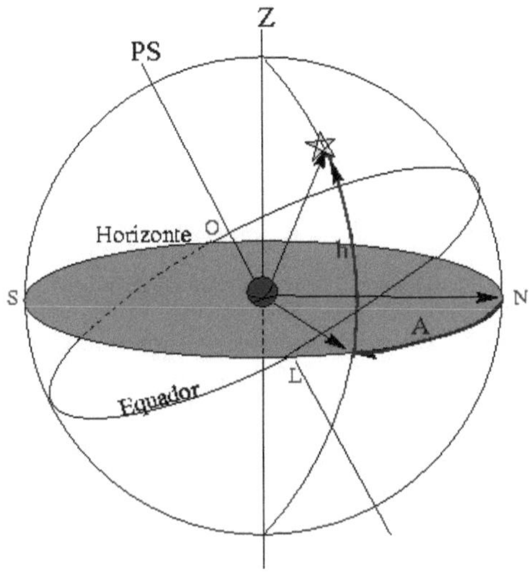

Figura 20

El diferencial de volumen viene dado por: $dV = r^2 sen(\theta)\, d\phi\, d\theta\, dr$

Ejercicios resueltos con solución.

1. Una aplicación de las diferenciales. El posible error involucrado al medir cada una de las dimensiones de una caja rectangular es de ± 0.1 milímetros. Las dimensiones de la caja son, largo 50cm, ancho 20cm y altura 15cm. Usar dV para estimar el error propagado y el error relativo en el volumen calculado por la caja. Sea: Largo $x = 50cm$, ancho $y = 20cm$ y altura $z = 15cm$ por tanto el volumen puede expresarse como $V = xyz$ de aquí se tiene:

$$dV = \frac{\partial V}{\partial x}\,dx + \frac{\partial V}{\partial y}\,dy + \frac{\partial V}{\partial z}\,dz = yz\,dx + xz\,dy + xy\,dz$$

Como 0.1mm es igual a 0.01cm, tenemos $dx = dy = dz = \pm 0.01$ y el error propagado es:

$$dV = (20)(15)(\pm 0.01) + (50)(15)(\pm 0.01) + (50)(20)(\pm 0.01)$$
$$dV = 300(\pm 0.01) + 750(\pm 0.01) + 1{,}000(\pm 0.01)$$
$$dV = 2050(\pm 0.01) = \pm 20.5cm^{3}$$

Puesto que el volumen medido es:

$$V = (50)(20)(15) = 15{,}000cm^{3}$$

El error relativo es $\dfrac{\Delta V}{V}$ aproximadamente:

$$\frac{\Delta V}{V} \approx \frac{dV}{V} = \frac{20.5}{15{,}000} \approx 0.14\%$$

Hay que recordar que: al igual que es cierto para una variable, si una función de dos o más variables es diferenciable en algún punto de su dominio, entonces también es continua en dicho punto.

2. Usar la diferencial "*dz*" para aproximar la variación en $z = \sqrt{4 - x^2 - y^2}$ cuando (x,y) va desde el punto (1,1) a (1.01, 0.97). Compare esta aproximación con la variación exacta de z.

Haciendo $(x, y) = (1,1)$ y $(x + \Delta x, y + \Delta y) = (1.01, 0.97)$ tenemos que:

$dx = \Delta x = 0.01$ y $dy = \Delta y = -0.03$, luego podemos aproximar la variación en "z" por:

$$\Delta z \approx dz = \frac{\partial z}{\partial x} dx + \frac{\partial z}{\partial y} dy = \frac{-x}{\sqrt{4 - x^2 - y^2}} \Delta x + \frac{-y}{\sqrt{4 - x^2 - y^2}} \Delta y$$

Esto en $x = 1$ e $y = 1$ resulta

$$\Delta z \approx -\frac{1}{\sqrt{2}}(0.01) - \frac{1}{\sqrt{2}}(-0.03) = \frac{0.02}{\sqrt{2}} = \sqrt{2}(0.01) \approx 0.014142$$

Si la diferencia de alturas entre dos puntos de la superficie del hemisferio es la variación exacta, entonces la diferencia es:

$$\Delta z = f(0.01, 0.97) - f(1,1)$$

$$\Delta z = \sqrt{4 - (1.01^2) - (0.97^2)} - \sqrt{4 - 1^2 - 1^2} \approx 0.0137$$

3. Determinar el área de la superficie que se forma cuando el cilindro $x^2 + z^2 = 16$ es cortado por los planos $x = 0,\ x = 2,\ y = 0\ e\ y = 3$.

Solución:

Suponer que f y sus primeras derivadas parciales son continuas en la región cerrada R en el plano (x,y). Entonces la medida de del área de la superficie $z = f(x, y)$ que está sobre R: ver teorema de superficie siguiente.

$$\sigma = \sqrt{fx^2(x, y) + fy^2(x, y) + 1}\ dx\ dy$$

Se visualiza en la figura, (se deja al estudiante realizar la figura). La región R es el rectángulo en el primer cuadrante del plano x,y limitada por las rectas $x = 2$ y $y = 3$, la superficie tiene la ecuación $x^2 + z^2 = 16$

Resolviendo para determinar z, obtenemos $z = \sqrt{16 - x^2}$ por tanto $f(x, y) = \sqrt{16 - x^2}$

Así pues σ (o cualquier otra variable diferente de x e y) es la medida del área de la superficie, a partir del teorema dado.

$$\sigma = \iint\limits_{R} \sqrt{fx^2(x, y) + fy^2(x, y) + 1}\ dx\ dy$$

Atendiendo a $dz = \dfrac{\partial z}{\partial x}dx + \dfrac{\partial z}{\partial y}dy$:

$$\sigma = \int_0^3 \int_0^2 \sqrt{\left(\frac{-x}{\sqrt{16-x^2}}\right)^2 + 0 + 1}\ dx\ dy$$

$$\sigma = \int_0^3 \int_0^2 \frac{4}{\sqrt{16-x^2}}\ dx\ dy$$

$$\sigma = 4\int_0^3 \left[\, sen^{-1}\frac{1}{4}x\,\right]_0^2 dy$$

$$\sigma = 4\int_0^3 \frac{1}{6}\pi\ dy$$

$$\sigma = 2\pi$$

$$\rho = 2(3.1416) \approx 6.2831$$

4. Calcule la diferencial total de:

$$z = 3x^2 y^3$$

$$\partial z = \frac{\partial z}{\partial x}dx + \frac{\partial z}{\partial y}dy$$

$$\frac{\partial z}{\partial x} = 6y^3 x dx$$

$$\frac{\partial z}{\partial y} = 9x^2 y^2 dy$$

$$\partial z = 6xy^3 dx + 9x^2 y^2 dy$$

5. Calcule el diferencial total de:

$$z = e^x\, seny$$

$$\partial z = \frac{\partial z}{\partial x}dx + \frac{\partial z}{\partial y}dy$$

$$\partial z = (e^x seny)dx + (e^x \cos y)dy$$

6. Calcula el diferencial total de:

$$z = \frac{x^2}{y} \Rightarrow z = \frac{\partial z}{\partial x}dx + \frac{\partial z}{\partial y}dy$$

$$dz = \frac{\partial z}{\partial x}(x^2) = \frac{2x}{y}$$

$$dz\,\frac{2}{\partial y}(\frac{1}{y}) = \frac{d}{dy}(y^2) = -y^{-2} = \frac{-1}{y2}x^2$$

$$dz = \frac{2x}{y} + \frac{-1}{y2}x^2$$

7. Calcula el diferencial total de la siguiente función:

$$f(x,y) = 2xsen\ y - 3x^2y^2$$

Solución:

Hallamos las derivadas parciales:

$$\frac{\partial f}{\partial x} = 2sen\ y - 6xy^2 ; \frac{\partial f}{\partial y} = 2x\cos\ y - 6x^2y$$

Por consiguiente:

$$df = \frac{\partial f}{\partial x}dx + \frac{\partial f}{\partial y}dy \rightarrow df = (2sen$$

$$y - 6xy^2)dx + (2x\cos y - 6x^2 y)dy$$

8. Calcule la diferencial total para z:

$$z = 1/2(e^{x^2+y^2} - e^{-x^2-y^2})$$

$$\partial z = \frac{\partial z}{\partial x} dx + \frac{\partial z}{\partial y} dy$$

$$\partial z = \frac{\partial(\dfrac{e^{x^2+y^2} - e^{-x^2-y^2}}{2})}{\partial x} dx + \frac{\partial(\dfrac{e^{x^2+y^2} - e^{-x^2-y^2}}{2})}{\partial y} dy$$

$$\partial z = \left(xe^{-x^2-y^2} + xe^{x^2+y^2}\right)dx + \left(ye^{-x^2-y^2} + ye^{x^2+y^2}\right)dy$$

9. Encontrar la diferencial total de la siguiente: $z = e^{-x+y^2}$

$$z = e^{-x+y^2}$$

$$\partial z = \left(\frac{\partial\left(e^{-x+y^2}\right)}{\partial x}\right)dx + \left(\frac{\partial\left(e^{-x+y^2}\right)}{\partial y}\right)dy$$

$$\partial z = \left(-e^{-x+y^2}\right)dx + \left(2ye^{-x+y^2}\right)dy$$

Solución:
$$\partial z = \left(-e^{-x+y^2}\right)dx + \left(2ye^{-x+y^2}\right)dy$$

10. Encontrar la diferencial total de $u = 7x^2y + 10y^3 + 5xz^2$

$$\partial u = \frac{\partial u}{\partial x} + \frac{\partial u}{\partial y} + \frac{\partial u}{\partial z}$$

Solución: $\partial u = (14xy + 5z^2)dx + (7x^2 + 30yz)dy + (10xz + 10y^3)dz$

11. Encuentre la diferencial total de z:

$$z = x^3 Ln(y^2)$$

$$dz = \frac{\partial z}{\partial x}dx + \frac{\partial z}{\partial y}dy$$

$$dz = 3z^2 Ln(y^2)dx + \frac{2x^3 y}{y^2}dy$$

$$dz = 3x^2 Ln(y^2)dx + \frac{2x^3}{y}dy$$

12. Encuentra la variación de volumen que experimenta un cubo de arista de 20cm cuando esta aumentado 0.2 cm de longitud.

$v = x^3 \quad dv = 3x^2 \ dx$

$dv = \ 3.\,20^2\,.0.2 = 240 \ cm^3$

13. Tomar $z = f(x,y)$ de forma adecuada para y usar la diferencial total para aproximar la variación propuesta.

Solución:

$$(2.03)^2(1+8.9)^3 - 2^2(1+9)^3$$

$$f(2.03,8.9) \quad \rightarrow \quad f(2,9)$$

$$f = x^2(1+y)^3$$

14. Prueba que la función $f(x,y) = x^2 + 3y$. Es diferenciable en todos los puntos del plano.

Haciendo $z = f(x,y)$ el incremento de "z" en un punto arbitrario (x,y) del plano es:

$$\Delta z = f(x + \Delta x, y + \Delta y) - f(x,y)$$
$$\Delta z = (x^2 + 2x\Delta x + \Delta x^2) + 3(y + \Delta y) - (x^2 + 3y)$$
$$\Delta z = 2x\Delta x + \Delta x^2 + 3\Delta y$$
$$\Delta z = 2x(\Delta x) + 3\Delta y + \Delta x(\Delta x) + 0(\Delta y)$$
$$\Delta z = f_x(x,y)\Delta x + f_y(x,y)\Delta y + \varepsilon_1\Delta x + \varepsilon_2\Delta y$$

Donde $\varepsilon_1 = \Delta x$ y $\varepsilon_2 = 0$ como $\varepsilon_1 \to 0$ y $\varepsilon_2 \to 0$ cuando $(\Delta x, \Delta y) \to (0,0)$ se sigue que "f" es diferenciable en todo punto del plano.

Ejercicios propuestos con solución:

1. Para $z = x^2 - xy,$ hallar $\Delta z, dz$ y $\Delta z - dz,$ si (x, y) cambia de (1,1) a (1.2, 0.7).

2. Calcule la diferencial total de $z = 2x\,sen\ y - 3x^2 y^2$

   Solución: $dz = 2\,sen\ \text{y} - 6\,\text{xy}^2 = f_x(\text{x, y})$

3. Encuentra la diferencial total de $z = 3x^2 + 6xy$

$$dz = \frac{\partial z}{\partial x}dx + \frac{\partial z}{\partial y}dy$$

   Solución: $dz = (6xy + 6y)dx + (3x^2 + 6x)dy$

4. Encontrar la diferencial total de la siguiente:

$$z = 4x\cos y - \frac{1}{3}x^3 y$$

   Solución:

$$\partial z = \left(4\cos(y) - x^2 y\right)dx + \left(-\frac{1}{3}x\left(x^2 + 12sen(y)\right)\right)dy$$

5. Encontrar la diferencial total de:

$$z = 4x\cos y - \frac{1}{3}x^3 y$$

   Solución:

$$dz = \left(4\cos(y) - x^2 y\right)dx + \left(-\frac{1}{3}x\left(x^2 + 12sen(y)\right)\right)dy$$

6. Para el siguiente ejemplo realiza el cálculo de la diferencial total.

La diferencial total dz $\quad para \quad$ $z = 2x\,sen\,y - 3x^2 y^2$ es:

$$dz = \frac{\partial z}{\partial x}dx + \frac{\partial z}{\partial y}dy$$

$$dz = (2sen\,y - 6xy^2)dx + (2x\cos y - 6x^2 y)dy$$

7. Para el siguiente ejemplo realiza el cálculo de la diferencial total.

La diferencial total dw $\quad para \quad$ $w = x^2 + y^2 + z^2$ $es:$

$$dw = \frac{\partial w}{\partial x}dx + \frac{\partial w}{\partial y}dy + \frac{\partial w}{\partial z}dz$$

$$dw = 2x\,dx + 2y\,dy + 2z\,dz$$

8. Calcule la diferencial total de $z = 3x^2 y^3$

Solución: $z = 6xy^3 + 9x^2 y^2$

9. Calcule la diferencial total para $w = \dfrac{x+y}{z-2y}$

Solución: $w = \dfrac{1}{z-2y}dx + \dfrac{z+2x}{(z-2y)^2}dy - \dfrac{x+y}{(z-2y)^2}dz$

Ejercicios propuestos sin solución:

1. Hallar dz para las funciones $z = x^2 sen(4\,y)$ y $z = \dfrac{2r-s}{r+3s}$

2. Para $z = 2x^2 y + 5y$, determinar $\Delta z, dz$ y $\Delta z - dz$, si (x, y)

3. cambia de (0, 0) a (0.2, - 0.1)

4. Encuentra la diferencial total de $z = \dfrac{3x^2}{2xy^2}$

5. Encontrar la diferencial total de la siguiente:

$$\psi = \dfrac{14z^3 + \cos(x^2) - 2y}{7z - 3y}$$

6. Encontrar la diferencial total de z $z = e^{-x+y^2}$

7. Encontrar la diferencial total de z Sea $z = 4x^2 y - 2xy^3 + 3x$

8. Encontrar la diferencial total de: $u = \dfrac{r}{(s+2t)}$

9. Calcula la diferencial total de las siguiente función
   $f(x, y) = 2x\,sen\,y - 3x^2 y^2$

10. Encontrar la diferencial total de $u = 22y + 4y^3 + 9xz^2$

11. Encontrar la diferencial total de z:

$$w = x^2 + y^2 + z^2$$

$$dw = 2xdx + 2ydy + 2zdz$$

12. Encontrar la diferencial total de z:

$$z = e^x \cos(xy)$$

$$dz = e^x \cos(xy) - e^x y\, sen(xy)dx - e^x x\, sen(xy)dy$$

Parametrización de curvas

Una parametrización de una curva C es considerada una función vectorial.

$$(c : I \subset \Re \to \Re^n$$

Con la propiedad que al variar el parámetro $t \in I$ su imagen $c(t)$ va describiendo los puntos de C.

Una interpretación física habitual es pensar que el parámetro t representa al tiempo y que $c(t)$ indica en qué posición del plano o del espacio se encuentra una partícula en el instante t.

Se presentan a continuación unos ejemplos con la intención de aportar ideas y métodos para describir paramétricamente a ciertas curvas.

Para visualizar esta utilidad, considérese la trayectoria de un objeto lanzado al aire formando un ángulo de 45°. Si la velocidad inicial del objeto es de 48ft/seg, puede verse fácilmente que sigue una trayectoria parabólica que matemáticamente está dada por $y = \dfrac{x^2}{72} + x$, cuya ecuación es rectangular. Pero esta ecuación no nos dice todo lo que de ella pudiera conocerse, por ejemplo no manifiesta cuando el objeto ha estado en un punto dado de la trayectoria *(x, y)* que representa, para determinar este instante introducimos una tercera variable "*t*" a la que llamamos **"Parámetro"** Reescribiendo ambas funciones "*x*" e "*y*" como funciones de "*t*" se obtienen las ecuaciones paramétricas.

$x = 24\sqrt{2}t \quad e \quad y = -16t^2 + 24\sqrt{2}t$ Que son ecuaciones paramétricas

De este tipo de ecuaciones podemos determinar que en el tiempo $t = 0$, el objeto está en el punto (0,0), de forma similar en el tiempo 1 el objeto se encuentra en el punto $(24\sqrt{2}, 24\sqrt{2} - 16)$, y así sucesivamente.

Si f y g son funciones continuas de t en el intervalo I, entonces el conjunto de pares ordenados f(t), g(t) se denomina curva plana C. Las ecuaciones

$x = f(t) \quad e \quad y = g(t)$ *se denominan ecuaciones paramétricas de C, conociendo a "t" como parámetro.*

El conjunto de puntos $(x, y) = (f(t), g(t))$ en el plano constituyen la gráfica de la curva C.

Al representar gráficamente una curva dada por un par de ecuaciones paramétricas, pueden seguirse marcando los puntos en el plano (x,y). Cada par de coordenadas (x,y) queda determinado por el valor escogido del parámetro t.

Eliminación del parámetro.

Para simplificar el proceso de dibujo punto a punto, en ocasiones puede simplificarse encontrando una ecuación rectangular en x e y, que tenga la misma gráfica, a este proceso el llamamos eliminación del parámetro.

Ecuaciones paramétricas
$$x = t^2 - 4$$
$$y = t/2$$

Despejar "t" en una ecuación $\quad t = 2y$

Sustituir en la otra ecuación $\quad x = (2y)^2 - 4$

Ecuación rectangular $\quad x = 4y^2 - 4$

Reconocemos que la ecuación $x = 4y^2 - 4$ representa una parábola con un eje horizontal y vértice en (-4, 0).

Los rangos de x e y involucrados en las ecuaciones paramétricas pueden verse alterados al cambiar a forma rectangular. En tal circunstancia hay que ajustar el dominio de la ecuación rectangular de modo tal que su grafica de adapte a la gráfica de las ecuaciones paramétricas. Ver el siguiente ejemplo.

Ejercicios resueltos con solución.

1. Ajuste el dominio eliminando el parámetro y dibuje la gráfica de la curva representada por las ecuaciones dadas, y encuentre la ecuación rectangular correspondiente.

$$x = \frac{1}{\sqrt{t+1}} \quad e \quad y = \frac{t}{t+1}$$

Despejando t en la ecuación de x se tiene:

$$x = \frac{1}{\sqrt{t+1}} \quad \Rightarrow \quad x^2 = \frac{1}{t+1} \text{ de donde } t = \frac{1-x^2}{x^2}$$

Sustituyendo en la ecuación para y, resulta:

$$y = \frac{t}{t+1} = \frac{\left(1-x^2\right)/x^2}{\left[\left(1-x^2\right)/x^2\right]+1} = 1-x^2$$

La ecuación rectangular $y = 1 - x^2$ se define para todos los valores de, pero de la ecuación paramétrica de x vemos que la curva está definida solamente para -1 < t, esto implica la restricción de x a valores positivos.

2. Bosqueje la curva ubicando puntos por medio de la ecuación paramétrica. $x = t^2$, $y = t^3 - 4t$, $-3 \leq t \leq 3$. Indique con una flecha la dirección en que se traza la curva cuando "t" crece. Ver figura 21.

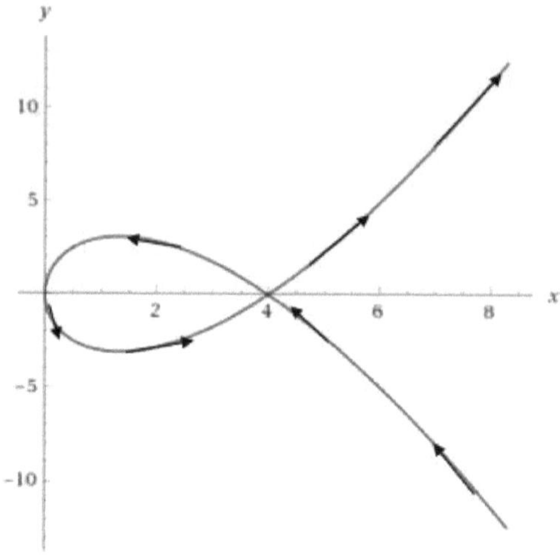

Figura 21.

Valores para "x" y "y" correspondidos por valores de "t" sustituidos en la ecuación de "x" y "y".

$$x = t^2, \quad y = t^3 - 4t, \quad -3 \leq t \leq 3$$

t	x	y
-3	9	-15
-2	4	0
-1	1	3
0	0	0
1	1	-3
2	4	0
3	9	15

3. Bosqueje la curva ubicando los puntos promedio de las ecuaciones paramétricas. Indique con una flecha la dirección en que se traza la curva cuando t crece. Ver figura 22.

$$x = t^2 + t, \quad y = t^2 - t, \quad -2 \leq t \leq 2$$

t	x	y
-2	2	6
-1	0	2
0	0	0
1	2	0
2	6	2

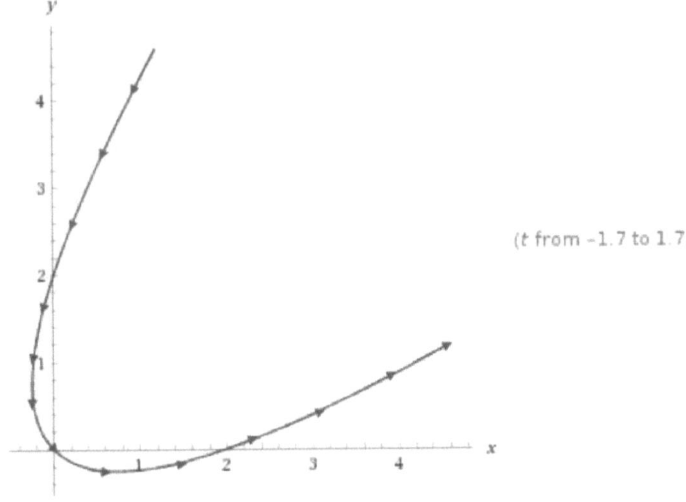

Figura 22.

4. Elimine el parámetro para hallar la ecuación cartesiana de la curva

$$x = 3 - 4t \qquad y = 2 - 3t$$

89

$$y = 2 - 3t \qquad\qquad y = 3 - 4t$$

$$\frac{-2+y}{-3} = t \qquad\qquad \frac{-3+x}{-4} = t$$

$$\frac{2+y}{3} = t \qquad\qquad \frac{+3+y}{4} = t$$

$$x = 3 - 4\left(\frac{2+y}{3}\right)$$

$$x = 3 - \tfrac{4}{1}\left(\tfrac{2}{3}\right) - 4\left(\tfrac{y}{3}\right)$$

$$x = 3 - \tfrac{8}{3} - \tfrac{4y}{3}$$

$$x = \frac{1}{3} - \frac{4y}{3}$$

5. Bosqueje la curva ubicando puntos por medio de las ecuaciones paramétricas. Indique con una flecha la dirección en que se traza la curva cuando T crece. Ver figura 23.

$$x = \cos^2 t \qquad\qquad y = 1 - sen(t) \qquad\qquad 0 \leq t \leq \frac{\pi}{2}$$

Ecuación de la curva: $x = \cos^2\left(\pi - \sin^{-1}(1-y) + \pi\right)$

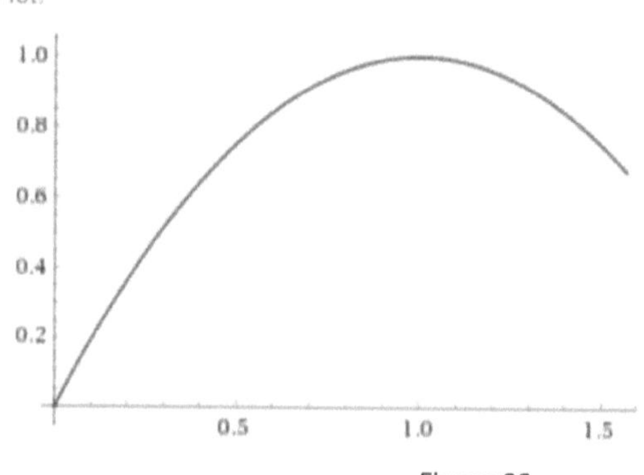

Figura 23.

Valor de $T(0 \leq t \leq \frac{\pi}{2})$	Valor de X cuando varia T	Valor de Y cuando varia T
$\dfrac{\pi}{2}$	1	1
$\dfrac{\pi}{3}$	1/2	0.13
$\dfrac{\pi}{4}$	1/4	0.29
$\dfrac{\pi}{6}$	3/4	0.5
$\dfrac{\pi}{8}$	0.85	0.61
$\dfrac{\pi}{16}$	0.96	0.8

6. Eliminar el parámetro para hallar la ecuación cartesiana de la curva.

Ecuaciones paramétricas

$$x = 1-2t \quad y = \frac{1}{2}t-1 \quad -2 \leq t \leq 4$$

$$y+1 = \frac{t}{2}$$

$$\frac{y+1}{\dfrac{1}{2}} = t$$

$$\frac{1}{2(y+1)} = t$$

$$x = 1 - 2\left(\frac{1}{2(y+1)}\right)$$

$$x = 1 - \frac{1}{(y+1)}$$

7. Una cinta magnetofónica de $0,001\,cm$ de anchura se haya enrollada en un carrete cuyo radio interior es de $0,5\,cm$ y cuyo radio exterior es de $2\,cm$, ¿cuánta cinta se necesita para enrollar el carrete?

Para plantear un modelo a este problema suponemos que cuando se enrolla la cinta del carrete su distancia r al centro crece linealmente a razón de $0,001\,cm$ por revolución, de tal manera que.

$$r = (0,001)\frac{\theta}{2\pi} = \frac{\theta}{2,000\pi}, \quad 1,000\pi \leq \theta \leq 4,000\pi \quad \text{Midiendo } \theta$$

en radianes. Podemos determinar las coordenadas del punto (x, y) correspondientes a un radio dado mediante. $x = r\cos\theta$ e $y = r sen\theta$ Sustituyendo r, obtenemos las ecuaciones paramétricas.

$$x = \left(\frac{\theta}{2,000\pi}\right)\cos\theta \quad e \quad y = \left(\frac{\theta}{2,000\pi}\right)sen\theta$$

Usando la forma del arco de longitud se determina que la longitud total de la cinta es:

$$S = \int_{1,000\pi}^{4,000\pi} \sqrt{\left(\frac{dx}{d\theta}\right)^2 + \left(\frac{dy}{d\theta}\right)2}\, d\theta$$

$$S = \frac{1}{2,000\pi} \int_{1,000\pi}^{4,000\pi} \sqrt{(-\theta\, sen\theta + \cos\theta)^2 + (\theta\cos\theta + sen\theta)^2}\, d\theta$$

$$S = \frac{1}{2,000\pi} \int_{1,000\pi}^{4,000\pi} \sqrt{\theta^2 + 1}\, d\theta \text{ Ver tabla de integración para}$$

aplicar.

$$S = \frac{1}{2,000\pi}\left(\frac{1}{2}\right)\left[\theta\sqrt{\theta^2+1} + \ln\left|\theta + \sqrt{\theta^2+1}\right|\right]_{1,000\pi}^{4,000\pi}$$

$$S \approx 11,781.0 cm \quad o \quad 117.81 m$$

8. Obtenga una ecuación cartesiana de la curva definida por las ecuaciones paramétricas. Y dibuje la curva.

$$x = 2t - 3 \quad y \quad y = 4t - 1$$

Solución:

El parámetro t se elimina de las 2 ecuaciones al resolver la primera ecuación para t, obteniéndose al resolver la primera ecuación para t obteniéndose:

$$t = \left(\frac{x+3}{2}\right)$$

$$t = \frac{x}{2} + \frac{3}{2}$$

$$t = \frac{1}{2}x + \frac{3}{2}$$

Y sustituirlo en la segunda ecuación:

$$y = 4(\frac{1}{2}x + \frac{3}{2}) - 1$$

$$y = 2x + 5$$

La grafica de esta ecuación es una recta con pendiente 2 e intercepción "y" igual a 5.

$$x = 2\cos t$$

$$y = 6 sent$$

$$t \in (0, \pi)$$

$$x^2 + y^2 = (4\cos t)^2 + (4 sent)^2$$

$$x^2 + y^2 = 16\cos^2 t + 16 sen^2 t$$

$$x^2 + y^2 = 16$$

9. Dibujar la curva representada por las ecuaciones

$$x = \frac{1}{\sqrt{t+1}} \quad y \quad y = \frac{t}{\sqrt{t+1}} \quad t > -1$$

Eliminando el parámetro y ajustando el dominio de la ecuación rectangular resultante.

$$x = \frac{1}{\sqrt{t+1}}$$

$$x^2 = \frac{t}{t+1}$$

$$t+1 = \frac{1}{x^2}$$

$$t = \frac{1}{x^2} - 1 = \frac{1-x^2}{x^2}$$

Solución:

Sustituyendo ahora, en la ecuación paramétrica para y, se obtiene. Ver figuras 24 y 25.

$$y = \frac{t}{t+1}$$

$$y = \frac{(1-x^2)/x^2}{\left[(1-x^2)/x^2\right]+1}$$

$$y = 1 - x^2$$

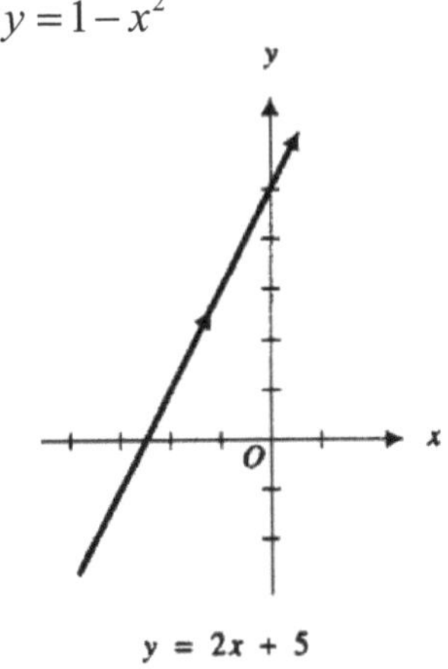

Figura 24.

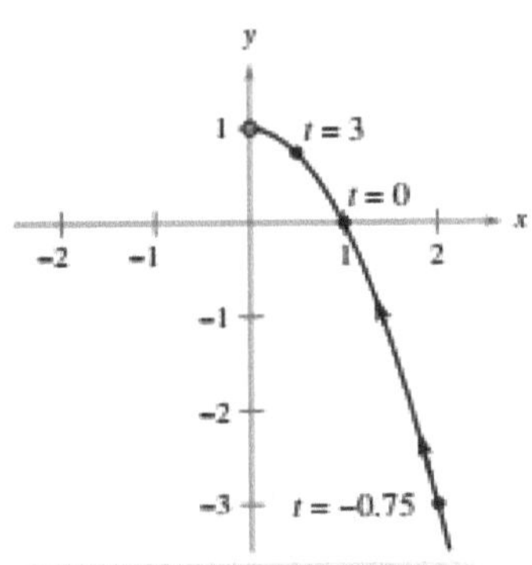

Figura 25.

10. Trazar la curva dada por las ecuaciones paramétricas

$$x = t^2 - 4 \quad y \quad y = \frac{t}{2} \quad -2 \leq t \leq 3$$

Solución Para valores de t en el intervalo dado, se obtienen, a partir de las ecuaciones paramétricas, los puntos (x, y) que se muestran en la tabla. Ver figura 26.

t	-2	-1	0	1	2	3
x	0	-3	-4	-3	0	5
y	-1	$-\dfrac{1}{2}$	0	$\dfrac{1}{2}$	1	$\dfrac{3}{2}$

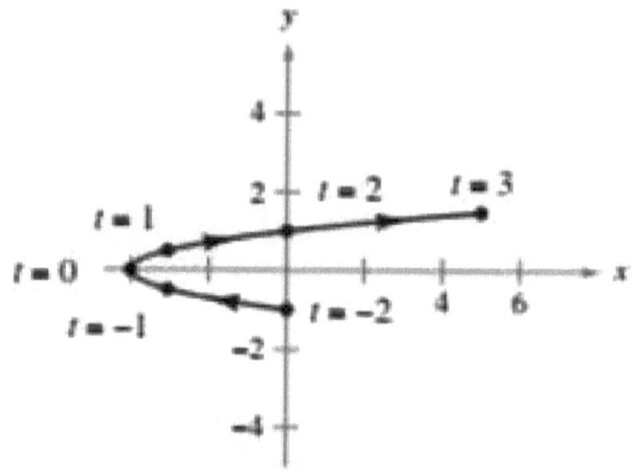

Figura 26.

11. Contesta lo que se te pide.

a) Elimine el parámetro para hallar una ecuación cartesiana de la curva

$$x = senh\,t, \quad y = \cosh t$$

b) Bosqueje la curva e indique con una flecha la dirección en que se traza la curva cuando crece el parámetro. Ver figura 27.

Soluciones:

a) $y^2 - x^2 = 1, \quad y \leq 1$

b)

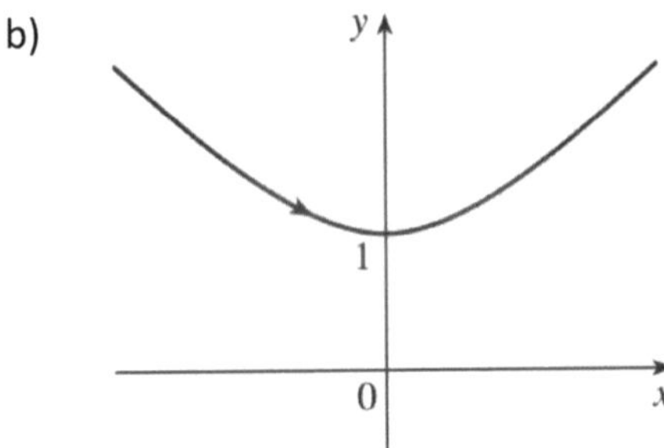

Figura 27.

12. Dibujar la curva representada por:

$$x = 3\cos\theta \quad \text{y} \quad y = 4\sin\theta, \; 0 \leq \theta \leq 2\pi$$

Al eliminar el parámetro y hallar la ecuación rectangular correspondiente

Solución: para empezar se despeja cos θ y sen θ de las ecuaciones dadas.

$$\cos^2 \theta + \sin^2 \theta = 1$$

$$(\frac{x}{3})^2 + (\frac{y}{4})^2 = 1$$

$$\frac{x^2}{9} + \frac{y^2}{16} = 1$$

En esta ecuación rectangular, puede verse que la gráfica es una elipse centrada en (0,0), con vértices en (0,4) y (0,-4) y eje menor de la longitud 2b=6, como se muestra en la figura 10.23. Obsérvese que la elipse está trazada en sentido contrario a las manecillas del reloj ya que θ va de 0 a 2π.

El empleo de esta técnica permite concluir que las gráficas de las ecuaciones paramétricas.

$$x = h + \alpha \cos\theta \quad y \quad y = k + b\sin\theta, \ 0 \le \theta \le 2\pi$$

Son una elipse (trazada en sentido contrario a las manecillas del reloj) dada por

$$\frac{(x-h)^2}{a^2} + \frac{(y-k)^2}{b^2} = 1$$

La grafica de las ecuaciones paramétricas

$$x = h + a\sin\theta \quad y \quad y = k + b\cos\theta, \ 0 \le \theta \le 2\pi$$

También es una elipse (trazada en las manecillas del reloj) dada por

$$\frac{(x-h)^2}{a^2} + \frac{(y-k)^2}{b^2} = 1$$

Ejercicios propuestos con solución.

1. Obtenga una ecuación cartesiana de la gráfica de las ecuaciones paramétricas y dibuje la gráfica:

$$x = 4\cos t \qquad y = 4 sent \qquad\qquad t \in (0, 2\pi)$$

$$x^2 + y^2 = (4\cos t)^2 + (4 sent)^2$$
$$x^2 + y^2 = 16\cos^2 t + 16 sen^2 t$$
$$x^2 + y^2 = 16$$

2. Conteste lo que se te pide en los incisos a) y b).

a) Elimine el parámetro para hallar una ecuación cartesiana de la curva

$$x = sen\frac{1}{2}\theta, \quad y = \cos\frac{1}{2}\theta, \quad -\pi \le 0 \le \pi$$

b) Bosqueje la curva e indique con una flecha la dirección en que se traza la curva cuando crece el parámetro

b)

Soluciones:

a) $x^2 + y^2 = 1, \quad y \le 0$

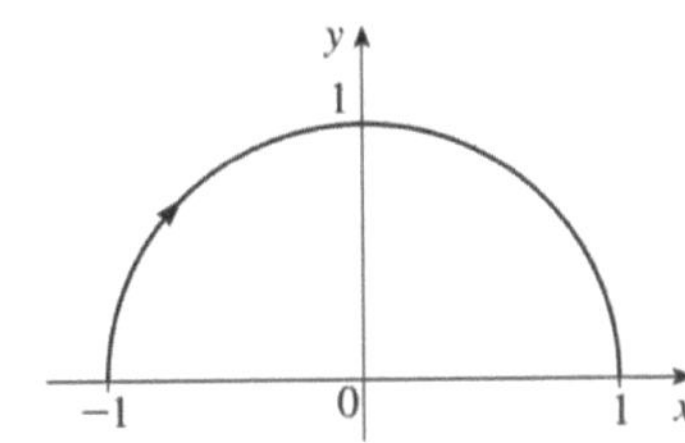

Figura 28.

3. Conteste lo que se te pide en los incisos a) y b).

a) Elimine el parámetro para hallar una ecuación cartesiana de la curva

b) Bosqueje la curva e indique con una flecha la dirección en que se traza la curva cuando crece el parámetro. Ver figura 29.

$$x = sen\, t, y = \csc t, 0 < t < \frac{\pi}{2}$$

Soluciones:

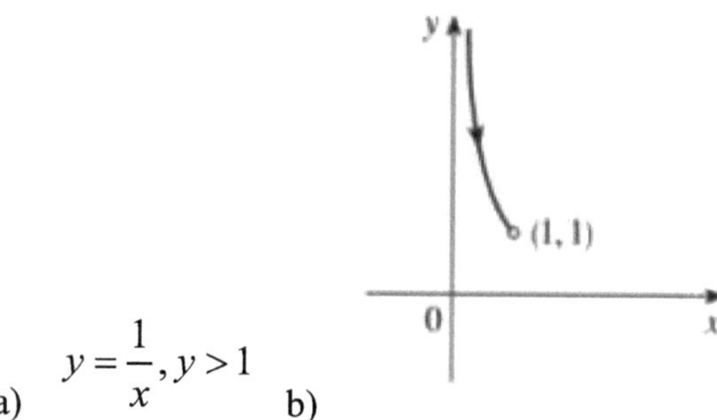

a) $\quad y = \dfrac{1}{x}, y > 1 \quad$ b)

Figura 29.

Ejercicios propuestos sin solución.

1. Considere las ecuaciones paramétricas $x = \sqrt{t}$ e $y = 1 - t$ complete la tabla, realice la gráfica y encuentre su ecuación rectangular.

t	0	1	2	3	4
x					
y					

2. Esboce la curva representada por las ecuaciones dadas, e indique la orientación de la curva y encuentre la ecuación rectangular por medio de la eliminación del parámetro.

$$x = 3t - 1 \qquad\qquad x = t^2 + t$$
$$y = 2t + 1 \quad y \quad y = t^2 - t$$

3. Hallar el conjunto de ecuaciones paramétricas para representar la gráfica de $y = 1 - x^2$ usando los parámetros siguientes.

$$t = x \quad y \quad m = \frac{dy}{dx} \quad en \quad (x, y).$$

4. Obtenga una ecuación cartesiana de la gráfica de las ecuaciones paramétricas y dibuje la gráfica:

$$x = 2\cos t \qquad\qquad y = 6 sen t \qquad\qquad t \in (0, \pi)$$

5. Representar la curva dada en ecuaciones rectangulares.

$$x = t - sin t \qquad y = 1 - \cos t$$

6. Elimine el parámetro para hallar una ecuación cartesiana de la curva dada.

$$x = e^{2t}, \quad y = t+1$$

Bosqueje la curva e indique con una flecha la dirección en que se traza la curva cuando crece el parámetro.

7. Elimine el parámetro para hallar una ecuación cartesiana de la curva

$$x = \tan^2 \theta, \quad y = \sec \theta, \quad \frac{-\pi}{2} < 0 < \frac{\pi}{2}$$

Bosqueje la curva e indique con una flecha la dirección en que se traza la curva cuando crece el parámetro.

8. Contesta lo que se te pide.

a) Elimine el parámetro para hallar una ecuación cartesiana de la curva $x = senh\,t, \quad y = \cosh t$.

b) Bosqueje la curva e indique con una flecha la dirección en que se traza la curva cuando crece el parámetro

Soluciones:

a) $y^2 - x^2 = 1, \quad y \leq 1$ b)

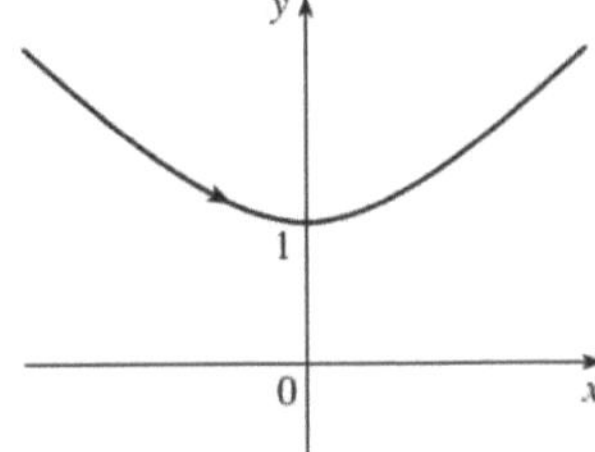

Figura 30.

9. Dibuje las gráficas de las ecuaciones paramétricas y obtenga una ecuación cartesiana de la gráfica.

$$x = 4\sin t, \, y = 9\tan r; \, t \in (-\frac{1}{2}\pi, \frac{1}{2}\pi)$$

10. $y = \sqrt{t+1}, y = \sqrt{t-1}$

Aplicaciones de integrales múltiples

En este capítulo extenderemos la idea de la integral definida a integrales dobles y triples de funciones de dos o más variables, estas ideas se usarán para calcular volúmenes, masas y centroides de regiones generalizadas, de la misma manera pueden usarse coordenadas polares, las cuales son útiles para la obtención de integrales dobles sobre algún tipo de regiones, de modo similar podrán usarse coordenadas espaciales o se las cilíndricas y las esféricas las cuales simplifican el cálculo de integrales triples sobre ciertas regiones sólidas comunes. Y antes de que nuestro cerebro alcance temperaturas extremas, realizaremos algunas aplicaciones como son, las áreas planas, volúmenes, áreas de superficie, momentos y centros de masas en perspectiva estereográfica.

Ya conocemos la viabilidad de derivar funciones de varias variables con respecto a una variable, manteniendo a las otras variables constantes. Podemos integrar funciones de varias variables mediante un proceso similar.

Integrales iteradas.

Las integrales de la forma

$$\int_{a}^{b}\left[\int_{g_1(x)}^{g_2(x)} f(x,y)\,dy\right]dx \quad y \quad \int_{c}^{d}\left[\int_{h_1(y)}^{h_2(y)} f(x,y)\,dx\right]dy,$$ se llaman integrales

iteradas y suelen escribirse normalmente sin corchetes. Los límites de integración pueden ser variables con respecto a la variable exterior. Sin embargo, los límites de integración exteriores deben ser constantes con respecto a ambas variables de integración.

Aplicaciones.

Integrales iteradas para una región en el plano.

Si *R* (vertical), se define por
$$a \leq x \leq b \quad y \quad g_1(x) \leq y \leq g_2(x), \text{ siendo}$$
$g_1 \quad y \quad g_2$ continuas en $[a,b]$ entonces el área de

R está dada por: $A = \int\limits_{a}^{b} \int\limits_{g_1(x)}^{g_2(x)} dy\, dx$.

---

1. **Ejemplo.** Utilice integrales iteradas para hallar el área de la región limitada por las gráficas $f(x) = sen\, x \quad y \quad g(x) = \cos(x) \quad en \quad x = \pi/4,\, x = 5\pi/4$

Solución:

Primer paso. Analizar el comportamiento gráfico de las funciones, como f y g, son funciones de x, resulta conveniente un rectángulo representativo vertical, esto permite elegir a, *dy/dx*, como orden de integración y los límites de integración son $\pi/4 \leq x \leq 5\pi/4$ y los limites superior e inferior son $y = 1 - x^2$ $f(x) = sen\, x \quad y \quad g(x) = \cos x$, entonces se procede a la notación matemática para su cálculo mediante proceso de iteración. Ver figura 13

Nota: Sino visualiza el comportamiento gráfico, realizarlo en GeoGebra o alguna aplicación graficadora de funciones. Ver figura 31.

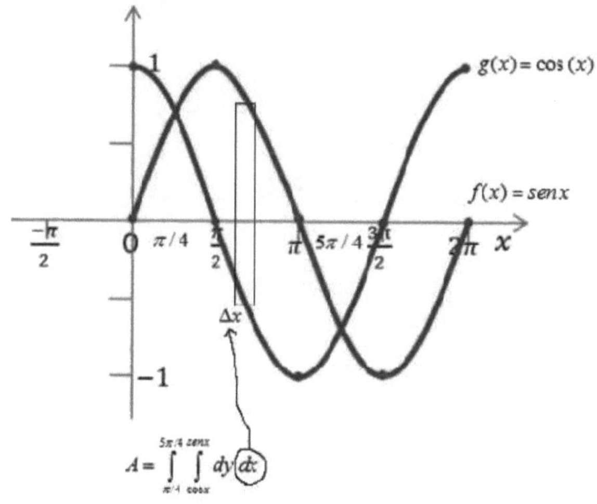

1Figura 31.

Así el área de R es:

$$A = \int_{\pi/4}^{5\pi/4} \int_{\cos x}^{sen x} dy\, dx = \int_{\pi/4}^{5\pi/4} y\Big]_{\cos x}^{sen x} dx$$

$$= \int_{\pi/4}^{5\pi/4} (sen\, x - \cos x)\, dx$$

$$= \Big[-\cos x - sen\, x \Big]_{\pi/4}^{5\pi/4}$$

$$A = 2\sqrt{2}$$

2. Ejemplo. Represente la región cuya superficie se crea mediante la siguiente integral múltiple: $A = \int\limits_{0}^{2} \int\limits_{y^2}^{4} dx\, dy$. E Identifique otra integral iterada usando el orden dy dx para representar la misma área.

Solución:

    Por los límites dados de integración se sabe que $y^2 \leq x \leq 4$ como límites interiores de integración, lo cual nos da la visualización de que la región R está acotada a la izquierda por la parábola $x = y^2$ y a la derecha por la recta $x = 4$

Además, como $0 \leq y \leq 2$ como límites exteriores de integración.

    Para cambiar el orden de integración a *dy dx* se coloca un rectángulo vertical en la región así visualizamos las cotas $0 \leq x \leq 4$ sirven como límites exteriores de integración.

Despejando y en la ecuación $x = y^2$, se concluye que los límites interiores son $0 \leq y \leq \sqrt{x}$

    Así el área de la región puede representarse como $A = \int\limits_{0}^{4} \int\limits_{0}^{\sqrt{x}} dy\, dx$

    Calculando estas dos integrales debieran de llevarnos a un mismo valor de la superficie.

$$A = \int_0^2 \int_{y^2}^4 dx\, dy = \left.\int_0^2 x\right]_{y^2}^4 dy = \int_0^2 (4 - y^2)dy = \left[4y - \frac{y^3}{3}\right]_0^2 = 16/3$$

$$A = \int_0^4 \int_0^{\sqrt{x}} dy\, dx = \left.\int_0^4 y\right]_0^{\sqrt{x}} dx = \int_0^4 \sqrt{x}\, dx = \left.\frac{2}{3}x^{3/2}\right]_0^4 = 16/3$$

Visualizando, el cálculo de una integral iterada en varias variables se reduce a calcular integrales de una variable en un orden específico. El diferencial nos indica acerca del nombre de la variable con respecto a la que debemos integrar y su posición el orden de integración, correspondiendo a los diferenciales interiores a las integrales que se tienen que calcular primero.

Por ejemplo, al igual que el caso del ejemplo anterior, cambiando el orden del diferencial y resolviendo las integrales iteradas tenemos que:

$$\int_0^1 \int_2^3 \left(6x + 6y^2\right) dx\, dy = \left.\int_0^1 \left(3x^2 + 6y^2 x\right)\right]_{x=2}^{x=3} dy$$

Como la variable de integración es $"x"$, la $"y"$ se trata como una constante. Sustituyendo los límites obtenemos la siguiente expresión.

$$\int_0^1 \left(15 + 6y^2\right) dy = \left.(15y + 2y^3)\right]_0^1 = 15 + 2 = 17$$

Para practicar calcule también $\int_2^3 \int_0^1 \left(6x + 6y^2\right) dy\, dx =$ cambiando el orden de integración de la integral original.

$$\int_{2}^{3}\int_{0}^{1}\left(6x+6y^2\right)dy\,dx = \int_{2}^{3}\left(6xy+2y^3\right)\Big]_{y=0}^{y=1}\,dx$$

Resolviendo obtenemos:

$$\int_{2}^{3}\left(6x+2\right)dx = (3x^2+2x)\Big]_{x=2}^{x=3} = 33-16 = 17$$

NO es casualidad que en este ejemplo, los resultados de los dos procesos de integración coincidan. Existe un teorema conocido como teorema del matemático italiano Guido Fubini, que demuestra que el orden en el proceso es irrelevante, el cual puede para efectos didácticos manifestarse como una integral doble que puede reducirse al producto de dos integrales simples.

Ejercicios resueltos con solución.

1. Determine el volumen de la región acotada arriba por el paraboloide elíptico $z = 10 + x^2 + 3y^2$ y abajo por el rectángulo $R : 0 \leq x \leq 1,\ 0 \leq y \leq 2$.

Solución:

El volumen está dado por la integral doble

$$V = \iint_R \left(10 + x^2 + 3y^2\right) dA = \int_0^1 \int_0^2 \left(10 + x^2 + 3y^2\right) dy\,dx$$

$$= \int_0^1 \left[10y + x^2 y + y^3\right]_{y=0}^{y=2} dx$$

$$= \int_0^1 \left(20 + 2x^2 + 8\right) dx = \left[20x + \frac{2}{3}x^3 + 8x\right]_0^1 = \frac{86}{3}$$

2. Calcular $\iint_D \sqrt{x+y}\,dx\,dy$ si D es la región acotada por las respectivas rectas:

$y = x$

$y = -x$

$x = 1$

Se tiene que la región

$$D = \{(x, y) \in IR^2 \ / \ 0 \leq x \leq 1; -x \leq y \leq x\}$$

$$\iint_D \sqrt{x+y}\,dxdy = \int_0^1 \int_{-x}^x \sqrt{x+y}\,dydx$$

$$= \frac{2}{3}\int_0^1 (x+y)^{3/2}\,]_{-x}^x\,dx$$

$$= \frac{2}{3}\int_0^1 (2x)^{3/2}\,dx$$

$$= \frac{2^{5/2}}{3}\frac{2}{5}(x)^{5/2}\,]_0^1$$

$$= \frac{8\sqrt{2}}{15}$$

3. Encontrar el área de la superficie definida como intersección del plano $x+y+z=1$ con el solido $x^2+2y^2\leq 1$.

Solución:

La superficie dada se puede parametrizar por

$$S:\begin{cases} x = u\cos v \\ y = \left(u/\sqrt{2}\right)senv \\ z = 1-u\cos v-\left(u/\sqrt{2}\right)senv \end{cases}$$

$$\left(0\leq u\leq 1, 0\leq v\leq 2\pi\right),$$

Por definición $A = \iint_D \left|T_u x T_v\right|\,dudv.$

En este caso,

$$T_u = (\cos v, (1/\sqrt{2})sen\,v, -\cos v-(1/\sqrt{2})sen\,v)$$

$$T_v = (-u\,sen\,v, (u/\sqrt{2})\cos v, u\,sen\,v+(u/\sqrt{2})\cos v)$$

$$T_u \times T_v = \begin{vmatrix} i & j & k \\ \cos v & senv/\sqrt{2} & -\cos v - senv/\sqrt{2} \\ -usenv & (u/\sqrt{2})\cos v & usenv - (u/\sqrt{2})\cos v \end{vmatrix}$$

$$= (\frac{u}{\sqrt{2}}, \frac{u}{\sqrt{2}}, \frac{u}{\sqrt{2}}).$$

Por tanto $\left| T_u \times T_v \right| = u\sqrt{3/2}$ y

$$A = \int_0^1 du \int_0^{2\pi} u\sqrt{3/2}\, du = \frac{\pi\sqrt{6}}{2}.$$

4. Calcular la siguiente integral triple

$$\iiint_v (x^2 + y^2)\,dxdydz$$

, donde V está limitada por la superficie $x^2 + y^2 = 2z, z = 2$

Solución: $z = 2$.

La región de integración es el interior del paraboloide limitado por el plano . Ver figura 32.

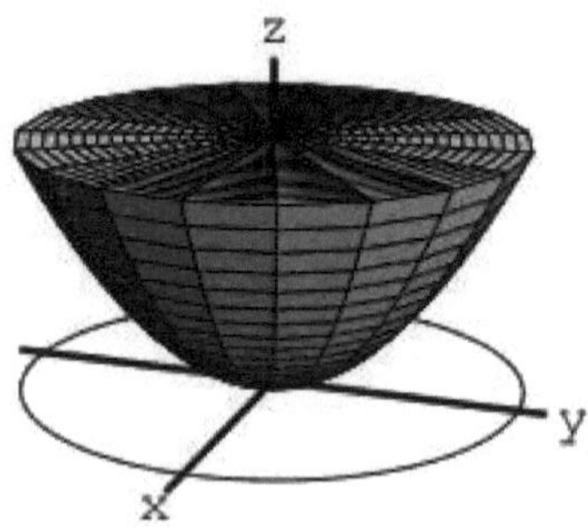

Figura 32.

Como la proyección de dicha región sobre el plano z=0 es el círculo C: $x^2 + y^2 \leq 4$ la integral triple se puede descomponer entonces como

$$I = \iint_c dxdy \int_{(x^2+y^2)/2}^{2} (x^2 + y^2)dz$$

Al escribir la integral en coordenadas cilíndricas, se obtiene:

$$I = \int_0^{2\pi} du \int_0^2 udu \int_{u^2/2}^2 u^2 dz = 2\pi \int_0^2 u^3 * (2 - u^2/2)du = \tfrac{16\pi}{3}$$

5. Encuentre el área de la superficie de la parte de la superficie $z=x^2 + 2y$ que está sobre la región triangular T en el plano xy con vértices (0, 0), (1, 0) y (1, 1).}

Solución: La región T se muestra en la figura 33 y 34 y está descrita por:

$$T = \{(x, y) \mid 0 \leq x \leq 1, 0 \leq y \leq x\}$$

Usando la fórmula 2 con f(x, y)=$x^2 + 2y$, obtenemos:

$$A = \iint_T \sqrt{(2x)^2 + (2)^2 + 1}\,dA = \int_0^1 \int_0^x \sqrt{4x^2 + 5}\,dydx$$

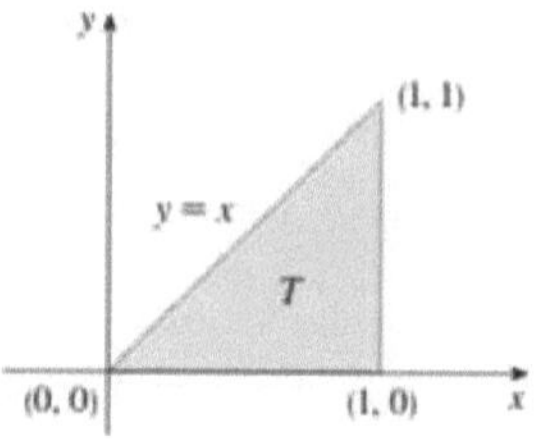

Figura 33.

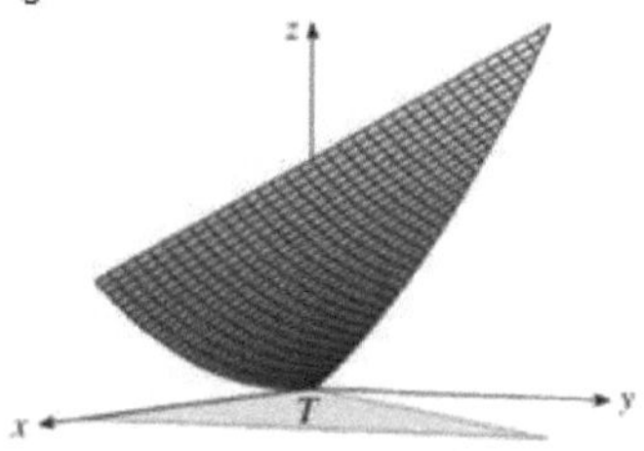

Figura 34.

$$= \int_0^1 x\sqrt{4x^2 + 5}\,dx = \frac{1}{8} \cdot \frac{2}{3}(4x^2 + 5)^{3/2}\Big]_0^1 = \frac{1}{12}(27 - 5\sqrt{5})$$

Figura 35.

La figura 35 muestra la porción de la superficie cuya área hemos calculado.

6. $\iiint\limits_{S} xydV$ Si S es el paralelepípedo rectangular del **primer octante** limitado por los planos coordenados y los planos:

$x = 2, y = 3, z = 4$

Solución:

$$\iiint\limits_{S} xydV = \int\limits_{0}^{2}\int\limits_{0}^{3}\int\limits_{0}^{4} xydzdydx$$

$$\int\limits_{0}^{2}\int\limits_{0}^{3}\int\limits_{0}^{4} xydzdydx = xyz]_{0}^{4} = \iint 4xydydx$$

$$\iint 4xydy = 2xy^2]_{0}^{3} = \int 18xdx$$

$$\int 18xdx = 9x^2]_{0}^{2} = 36$$

7. Evalúe $\iiint\limits_{E}(x+y+z)dV$, donde E es el sólido en el primer octante que está bajo el paraboloide $z = 4 - x^2 - y^2$. Ver figura 36.

Solución: $\iiint\limits_{E}(x+y+z)dV$

$$z = 4 - x^2 - y^2$$
$$z = 4 - (r^2)$$
$$(x+y+z) = (r\cos\theta + rsen\theta + z)$$

$$E = \{(r,\theta,z) \mid 0 \leq \theta \leq \frac{\pi}{2}, 0 \leq r \leq 2, 0 \leq z \leq 4 - r^2\}$$

$$\int_{0}^{\frac{\pi}{2}}\int_{0}^{2}\int_{0}^{4-r^2}(r\cos\theta+rsen\theta+z)rdz,dr,d\theta$$

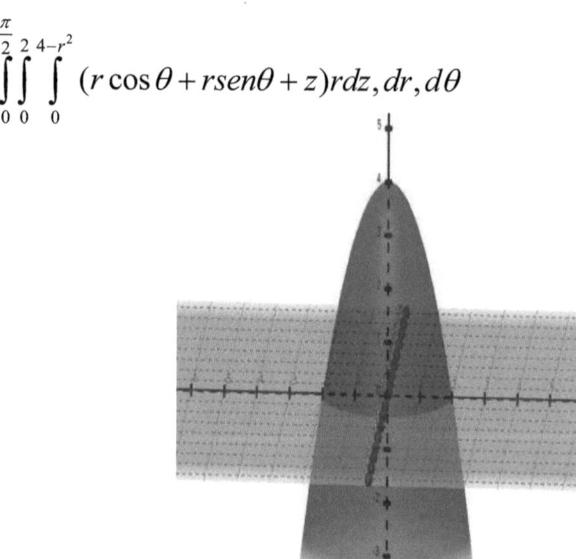

Figura 36.

$$=\int_{0}^{4-r^2}(r\cos\theta+rsen\theta+(4-r^2))dz=(r\cos\theta+rsen\theta)+rz+\frac{rz^2}{2}]_{0}^{4-r^2}$$

$$=(r\cos\theta+rsen\theta)+r(4-r^2)+\frac{r(4-r^2)^2}{2}$$

$$=\int_{0}^{2}((r\cos\theta+rsen\theta)+r(4-r^2)+\frac{r(4-r^2)^2}{2})dr$$

$$=\int_{0}^{\frac{\pi}{2}}\frac{16}{15}(4sen\theta+4\cos\theta+5)d\theta=\frac{8(16+5\pi)}{15}$$

$$=16.91u^3$$

8. Resolver $\int_0^1 2xy\, dx$

$$2y\int_0^1 x\,dx = 2y\frac{x^2}{2} = \left[yx^2\right]_0^1 = \left[y(1)^2 - y(0)^2\right] = y$$

9. Calcular el volumen del sólido limitado por la superficie $z = x^2 - y^2$ y los planos z=0, x =1, x =3.

La superficie $z = x^2 - y^2$ es un paraboloide hiperbólico (reglado) z toma valores positivos y negativos. La intersección de esta superficie con el plano $z = 0$. Ver figuras 37 y 38.

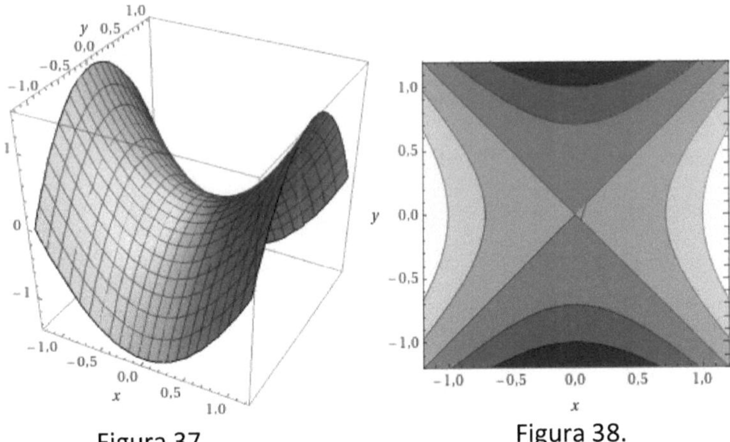

Figura 37.

Figura 38.

$$\left.\begin{array}{l} z = x^2 - y^2 \\ z = 0 \end{array}\right\}$$

Son las rectas: $y = \pm x$

Ver figura 39.

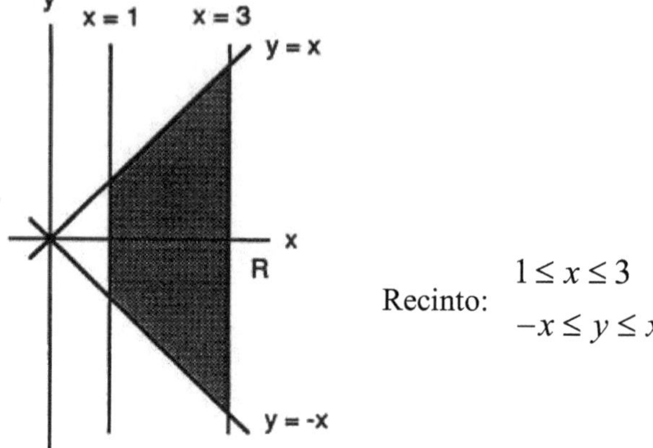

$$\text{Recinto:} \quad \begin{array}{c} 1 \le x \le 3 \\ -x \le y \le x \end{array}$$

Figura 39.

En el recinto de integración R la función $z = f(x, y) = x^2 - y^2$ es positiva. Su integral doble será el volumen bajo la superficie.

$$Vol = \iint_R (x^2 - y^2) dx dy = \int_1^3 \int_{-x}^{x} (x^2 - y^2) dy dx = \frac{80}{3}$$

Ejercicios propuestos con solución.

1. Encerrado por el paraboloide $z = x^2 + 3y^2$ y los planos $x = 0$, $y = 1$, $y = x$, $z = 0$

   Solución:
   $$\int_0^1 \int_x^1 x^2 + 3y^2 \, dy \, dx = .83u^3 = \frac{5}{6}$$

2. Calcular $\iiint_R z \, dV$ si R es la región limitada por las superficies:

   $$z = x^2 + y^2$$
   $$z = 27 - 2x^2 - 2y^2$$

   Solución: $\dfrac{243}{2}\pi$

3. Sea S la superficie obtenida al hacer girar la curva $y = f(x)$ $(a \leq x \leq b)$ alrededor del eje X. Comprobar, a partir de la definición, que el área de dicha superficie es:

   $$A = 2\pi \int_a^b |f(x)| \sqrt{1 + [f'(x)]^2} \, dx$$

   Resultado:

   $$A = \int_a^b du \int_0^{2\pi} |f(u)| \sqrt{1 + (f'(u))^2} \, dv = 2\pi \int_a^b |f(u)| \sqrt{1 + (f'(u))^2} \, du$$

4. Calcular $\displaystyle\iiint_s (1+x+y+z)^{-3}\,dxdydz$ donde S es el tetraedro limitado por los tres planos coordenados y el plano de ecuación $x+y+z=1$

Solución: $\displaystyle\int_0^1\left[\frac{x-1}{8}-\frac{1}{4}+\frac{1}{2(1+x)}\right]dx=\frac{1}{2}\ln 2-\frac{5}{16}$

5. Encuentre el área de la parte del paraboloide $z=x^2+y^2$ que está bajo el plano $z=9$

Solución: $\displaystyle=2\pi\left(\frac{1}{8}\right)\frac{2}{3}(1+4r^2)^{3/2}\Big]_0^3=\frac{\pi}{6}(37\sqrt{37}-1)$

6. Evalúe la integral doble:

$$\iint_D x\,dA, \quad D=\{(x,y)\mid 0\le x\le\pi,\ 0\le y\le \sin x\}$$

Solución: π

7. Calcular $\displaystyle\iint_D xy\,dxdy$ en el triángulo D del plano x, y que tiene vértices:

A = (0, 0), B = (1, 0), C = (1, 1)

Respuesta $\dfrac{1}{8}$

8. Calcular el volumen del sólido comprendido entre los cilindros $x^2+y^2=25$ y $x^2+z^2=25$.

$$Vol = \frac{2000}{3}$$

9. Evalúe la integral iterada $\int_0^1 \int_x^1 \sin(y^2)\, dy\, dx$.

Solución: Si se intenta evaluar la integral como ésta, se enfrenta la tarea de evaluar primero $\int \sin(y^2)\, dy$. Pero es imposible hacerlo en términos finitos, puesto que $\int \sin(y^2)\, dy$ no es una función elemental. Así que se debe cambiar el orden de integración. Esto se lleva a cabo al expresar primero la integral iterada dada como una integral doble. Si se usa la siguiente propiedad, por tanto, se tiene:

Si f es continua sobre una región D tipo I tal que:

$$D = \left\{ (x, y) \,\middle|\, a \le x \le b,\, g_1(x) \le y \le g_2(x) \right\} \; entonces,$$

$$\iint f(x, y)\, dA = \int_a^b \int_{g_1(x)}^{g_2(x)} f(x, y)\, dy\, dx$$

$$\int_0^1 \int_x^1 \sin(y^2)\, dy\, dx = \iint_D \sin(y^2)\, dA$$

Donde: $\qquad D = \{(x, y) \mid 0 \le x \le 1,\ x \le y \le 1\}$

Se bosqueja esta región D en la figura 15. Después, de la figura 16 se ve que una descripción alternativa de D es

$$D = \{(x, y) \mid 0 \le y \le 1,\ 0 \le x \le y\}$$

Esto permite usar "A" para expresar la integral doble como una integral iterada en el orden inverso:

$$A \quad \iint_D f(x,y)dA = \int_c^d \int_{h_1}^{h_2} f(x,y)dx\,dy$$

Donde D es una región tipo II. Ver figuras 40 y 41.

$$\int_0^1 \int_x^1 \sin(y^2)\,dy\,dx = \iint_D \sin(y^2)\,dA$$

$$= \int_0^1 \int_1^y \sin(y^2)\,dx\,dy = \int_0^1 [x\sin(y^2)]_{1x=0}^{x=y}\,dy$$

$$= \int_0^1 y\sin(y^2)\,dy = -\frac{1}{2}\cos(y^2)]\,_0^1 = \frac{1}{2}(1 - \cos 1)$$

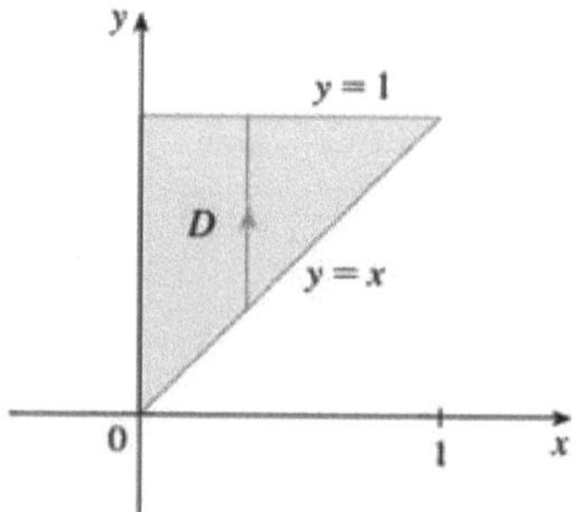

Figura 40
D como una región tipo I

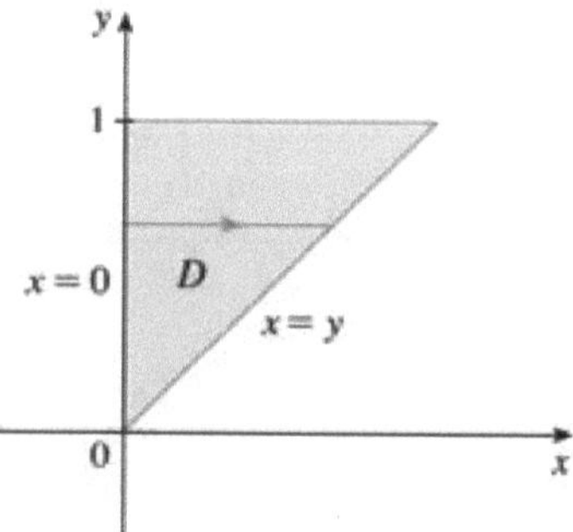

Figura 41.
D como una región tipo II

Ejercicios propuestos sin solución.

1. Calcula la integral doble $\iint_T xy\,dxdy$ siendo T el recinto limitado por el triángulo de vértices $A(0,0)$, $B(2,0)$ y $C(1,1)$; expresando T como un recinto de tipo I.

2. Evalúe la integral iterada.

$$\int_0^1 \int_0^{e^v} \sqrt{1+e^v}\,dwdv$$

3. Calcular $\iint_s z^2 \sqrt{x^2+y^2}\,dS$ donde S representa la esfera de centro el origen y radio r.

4. Evalué la integral triple $\iiint_B xyz^2\,dV$ donde B es la caja rectangular dada por:

$$B=\left\{(x,y,z)\,/\,0\le x\le 1; -1\le y\le 2; 0\le z\le 3\right\}$$

5. Encuentre el área de superficie.
   La parte de la superficie $z=1+3x+2y^2$ que está por encima del triángulo con vértices $(0, 0)$, $(0, 1)$ y $(2, 1)$

6. Evalúe la integral doble:

$$\iint_D x^3\,dA, \quad D = \{(x,y) \mid 1\le x\le e,\ 0\le y\le \ln x\}$$

7. Encuentre el volumen del sólido que está encerrado por el cono:
$z = x^2 + y^2$ y la esfera $x^2 + y^2 = 2$

8. Calcular $\iint_Q 4x^3 + 8xy + 6y^2 \, dxdy$ en el cuadrilátero Q del plano x, y que tiene vértices
A = (0, 0), B = (1, −1), C = (2, 1), D = (1, 3).

9. Una pirámide está delimitada por los tres planos de coordenadas y el plano $x + 2y + 3z = 6$. Representar el sólido y calcular su volumen.

Sólidos de Revolución.

Definición. Es un cuerpo que puede obtenerse mediante una operación geométrica de rotación de una superficie plana alrededor de una recta que esté contenida en el mismo plano. En principio, cualquier cuerpo con geometría axial o cilíndrica es un sólido de revolución.

Si una región en el plano gira alrededor de una recta, el sólido resultante es un sólido de revolución, y la recta sobre la que gira se llama eje de revolución. El sólido más simple es un cilindro circular recto o disco que se forma al girar un rectángulo en torno a uno de sus lados, en simetría axial, como se muestra en la figura 42. [2]

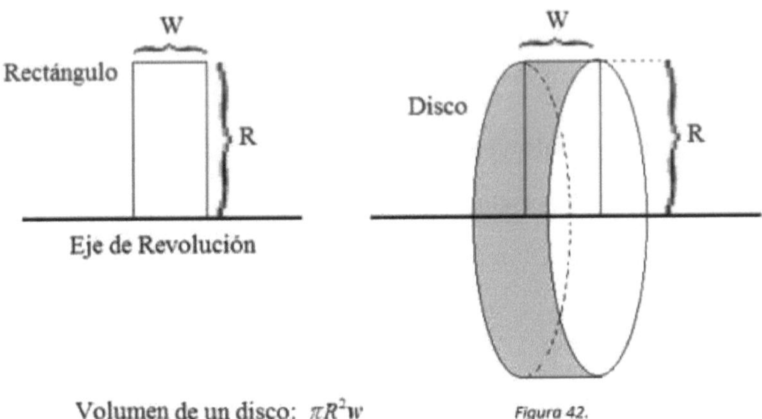

Volumen = (Área del disco) (Anchura del disco)

[2] Calculo con Geometría Analítica Octava edición 2006, Pp 470. Ron Larsson, Robert P. Hostetler, Bruce H. Edwards editorial McGraw Hill.

Cualquier superficie plana que gire sobre un eje crea un sólido de revolución, de tal manera que si se gira un triángulo rectángulo, sobre uno de sus catetos, se crea un cono recto. De manera análoga puede hacerse girar cualquier superficie plana acotada por líneas o funciones, para genera sólidos de revolución.
Rotaciones alrededor de los ejes cartesianos.

El volumen de los sólidos generados por revolución alrededor de los ejes cartesianos, se pueden obtener mediante las siguientes ecuaciones.

Rotación paralela al eje de las abscisas (eje de las x).

El volumen de un sólido generado por el giro de un área comprendida entre dos gráficas $f(x)$ y $g(x)$ definidas en un intervalo $[a,b]$ alrededor de un eje horizontal, es decir, una recta paralela al eje OX de expresión $y = k$ siendo k una constante, viene dado por la siguiente formula general.

$$V = \pi \int_{a}^{b} ([f(x) - K]^2 - [g(x) - K]^2 \, dx$$

En particular, si gira una figura plana comprendida entre $y = f(x), y = 0, x = a$ y $x = b$ gira sobre el eje OX, el volumen del sólido de revolución se genera por la fórmula:

$$V = \pi \int_a^b f(x)^2 \, dx$$

Rotación paralela al eje de las ordenadas (eje de las y).

Este otro método que permite la obtención de volúmenes de sólidos generados por el giro de una superficie comprendida entre dos gráficas $f(x)$ y $g(x)$ definidas en un intervalo $[a,b]$ alrededor de un eje horizontal, es decir, una recta paralela al eje OX de expresión $x = k$ siendo k una constante. Se genera de forma análoga a la rotación del eje de las abscisas. Y su representación matemática general es.

$$V = \pi \int_c^d f(y)^2 \, dy$$

Entre los principales métodos para el cálculo del volumen de sólidos de revolución. Se utilizan el método de discos o de las arandelas, método de cascarones cilíndricos, entre otros.

Método de discos.

El volumen del disco en un sólido de revolución está dado por:

$$V = \lim_{\|\Delta\| \to 0} \pi \sum_{i=1}^{n} [R(\lambda_i)]^2 \Delta x = \pi \int_a^b [R(x)]^2 \, dx$$

Esquemáticamente, el método de discos es como sigue.

Fórmula conocida Volumen del disco	Referencia matemática	Nueva fórmula de integración.
$V = \pi R^2 w$	$\Delta V = \pi [R(x_i)]^2 \Delta x$	Sólido de revolución $V = \pi \int_a^b [R(x)]^2 \, dx$

Nota. Una fórmula similar para el volumen puede derivarse si el eje de revolución es vertical ver figura 43.

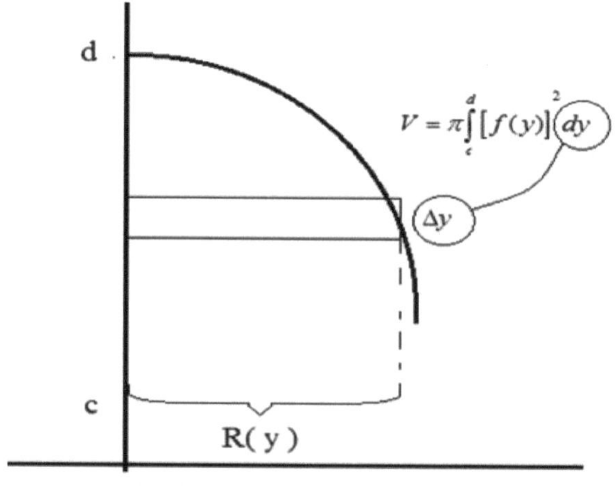

Eje de revolución vertical

Figura 43.

La aplicación más simple del método de los discos involucra a una región plana acotada por la gráfica de f, y el eje x. si el eje de revolución es el eje x, el radio R(x) simplemente es f(x).

Método de discos o de las arandelas.

Sea P_n una partición del intervalo $[a,b]$ determinada por el conjunto de números $\{x_0, x_1, x_2, ..., x_n\}$ con $\Delta x_i = x_i - x_{i-1}$, para $i = 1,2,3....,n$,

En este caso, los sólidos elementales usados para obtener una suma de aproximación del volumen del sólido de revolución serán anillos circulares.

Se muestra a continuación el $i - ésimo$ rectángulo y el $i - ésimo$ anillo circular generado al rotar aquel alrededor del eje x. Ver figuras 44 y 45.

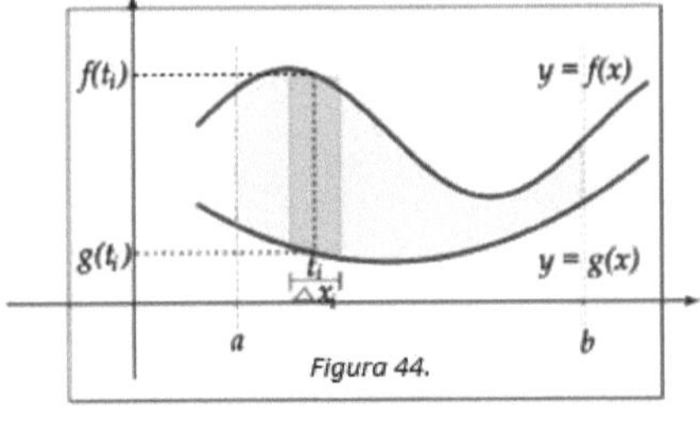

Figura 44.

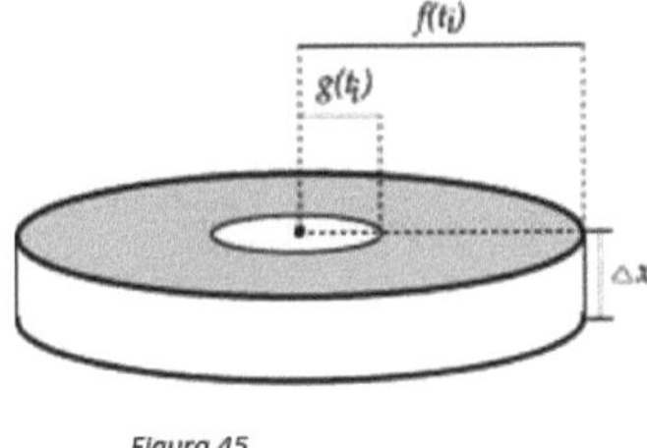

Figura 45.

Luego, el área del anillo circular es: $Area_{bajo\ f(x)} - Area_{bajo\ g(x)}$

$$A = \pi\left(f(x_i)\right)^2 - \pi\left(g(x)\right)^2$$

Por lo que el volumen del $i - ésimo$ elemento sólido será:

$$\Delta V_i = \pi\left[\left(f(x_i)\right)^2 - \left(g(x)\right)^2\right]\Delta x_i$$

Entonces, la suma de aproximación para el volumen del sólido de revolución es:

$$V = \sum_{i=1}^{n}\Delta V_i = \sum_{i=1}^{n}\pi\left[\left(f(x_i)\right)^2 - \left(g(x)\right)^2\right]\Delta x_i$$

Puede suponerse que mientras más delgados sean los anillos circulares, mayor será la aproximación de la suma anterior al volumen del sólido. Por lo tanto si hacemos que n tienda al infinito el volumen del sólido generado es:

$$V = \lim_{n\to\infty}\sum_{i=1}^{n}\pi\left[\left(f(x_i)\right)^2 - \left(g(x)\right)^2\right]\Delta x_i$$

$$V = \int_{a}^{b}\pi\left[\left(f(x_i)\right)^2 - \left(g(x)\right)^2\right]dx$$

Para evaluar el sólido generado al hacer girar una región del plano comprendida entre dos curvas, se recomienda.

a. Dibujar las curvas para identificar la región que se hace girar y determinar en el intervalo que curva se encuentra en la parte superior y cual en la inferior, lo que es su representación gráfica.

b. Determinar los límites de integración los cuales corresponden a las rectas $x = a, x = b$ si las curvas no se intersecan, o los puntos de intersección cuando estas se cruzan.

c. Aplicar la referencia matemática para determinar el volumen.

Ejercicios resueltos con solución

1. Calcule el volumen del sólido de revolución que se genera al rotar la región limitada por la gráfica de la función $f(x) = x^3 + 1$ alrededor de la recta $x = 1$

Solución:

Se realiza la representación gráfica de la función $f(x) = x^3 + 1$ alrededor de la recta $x = 1$. Ver figura 46.

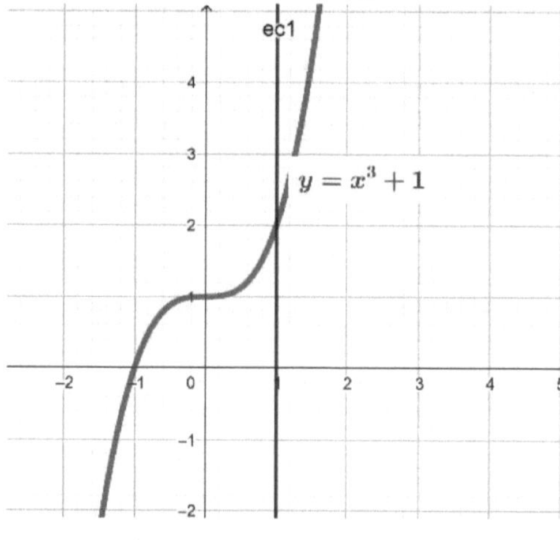

Figura 46.

Al hacer rotar el sólido se toma un diferencial de volumen de tal manera que:

$$dV = 2\pi(1 - x)y\,dx$$

Entonces el volumen del sólido está dado por:

$$V = 2\pi \int_{-1}^{1} (1 - x)y \, dx$$

Reemplazando se tiene que :

$$V = 2\pi \int_{-1}^{1} (1 - x)(x^3 + 1)\, dx$$

Resolviendo los factores directamente proporcionales e integrando:

$$V = 2\pi \left[\frac{x^4}{4} - \frac{x^5}{5} - \frac{x^2}{2} + x\right]_{-1}^{1}$$

$$V = \frac{16\pi}{5} u^3$$

2. Halla el volumen del sólido de revolución generado al rotar $y_1 = x^3$, $y_2 = \frac{(x-1)}{2}$, $y_3 = -x + 10$ alrededor de la recta $x = 8$

Al graficar las expresiones; Ver figura 47.

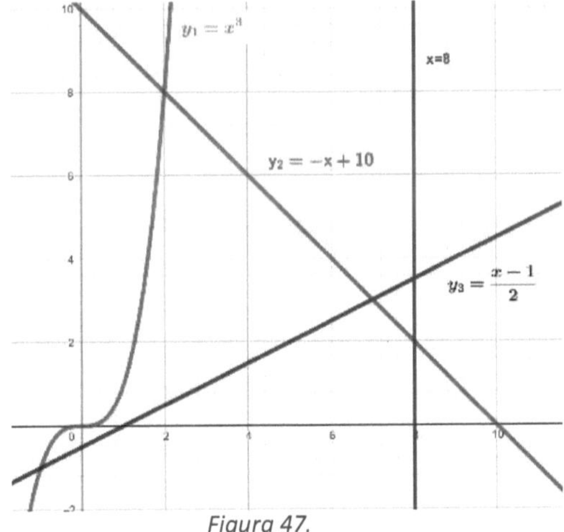

Figura 47.

Al rotar alrededor del eje "x" se obtiene que:

$$V_T = V_1 + V_2$$

Calculando el V_1 tomando un diferencial de volumen 1.

$$dV_1 = 2\pi(8 - x)(y_1 - y_2)dx$$

133

Entonces e volumen está dado por:

$$V_1 = 2\pi \int_{-1}^{2} (8 - x)\,(y_1 - y_2)dx$$

Reemplazando y_1 y y_2 se tiene que:

$$V_1 = 2\pi \int_{-1}^{2} (8 - x)(x^3 - \frac{x - 1}{2})dx$$

$$V_1 = \pi \int_{-1}^{2} (8 - x)\,(2x^3 - x + 1)dx$$

Simplificando expresiones algebraicas e integrando:

$$V_1 = \pi \left[\frac{16x^4}{4} - \frac{2x^5}{5} - \frac{9x^2}{2} + \frac{x^3}{3} + 8x \right]_0^2$$

Por tanto el volumen 1 es:

$$V_1 = \frac{603\pi}{10} U^3$$

Calculando el volumen 2 y tomando un diferencial de volumen 2 se tiene:

$$dV_2 = 2\pi(x - 8)(y_3 - y_2)dx$$

De aquí el volumen 2 está dado por:

$$V_2 = 2\pi \int_{-1}^{2} (x - 8)\,(y_3 - y_2)dx$$

Reemplazando y_2 y y_3 se tiene que:

$$V_2 = 2\pi \int_{-1}^{2} (x - 8)(-x + 10 - \frac{x - 1}{2})dx$$

$$V_2 = \pi \int_{-1}^{2} (x - 8)\,(-2x + 20 - x + 1)dx$$

Simplificando expresiones algebraicas e integrando:

$$V_2 = \pi \left[\frac{3x^3}{3} - \frac{45x^2}{2} + 168x \right]_{-1}^{2}$$

Por tanto el volumen 2 es:

$$V_2 = \frac{891\pi}{2} U^3$$

Finalmente sustituyendo en $V_T = V_1 + V_2$ se obtiene:

$$V_T = \left[\frac{603\pi}{10} + \frac{891\pi}{2} \right] U^3$$

$$V_T = \frac{2{,}529}{5} U^3$$

3.

Ejercicios propuestos con solución.

1. Calcule el volumen del sólido obtenido al hacer girar alrededor del eje y la región entre $y = x$ y $y = x^2$.

$$\text{Solución: } = 2\pi\left[\frac{x^3}{3} - \frac{x^4}{4}\right]_0^1 = \frac{\pi}{6}$$

2. Mediante el método de cascarones cilíndricos determine el volumen generado cuando gira cada una de las siguientes regiones que definen las curvas dadas, alrededor del eje específico:

$$y = x^4, \ y = 0, x = 1; \text{ alrededor } x = 2$$

$$\text{Solución: } \frac{7\pi}{15}$$

3. Mediante el método de los cascarones cilíndricos determine el volumen generado cuando gira la región $y = x^3, y = 0, x = 1$ alrededor del eje $y = 1$.

$$\text{Solución: } \frac{15\pi}{14}$$

4. Calcular el volumen del sólido resultante al girar la porción de las curvas $y = 2 - \dfrac{x^2}{2}$ entre $x = 0$ y $x = 2$, en torno al eje y. Ver figuras 48 y 49.

Solución: $V = 4\pi$

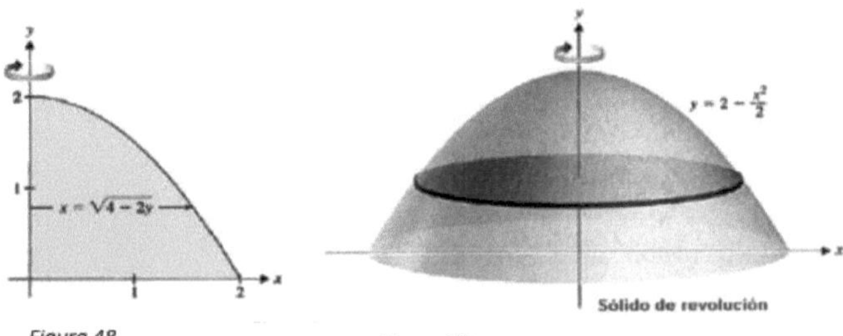

Figura 48.   Figura 49.

5. Hallar el volumen del solido obtenido al hacer girar alrededor del eje x la región bajo la curva: $y = \sqrt{x}$. Ver figura 49.

Solución: $V = \dfrac{\pi}{2}$

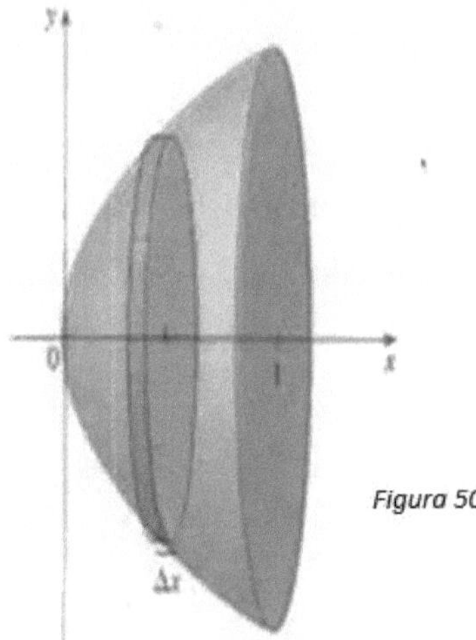

Figura 50.

6. Hallar el volumen del elipsoide engendrado por la elipse $16x^2 + 25y^2 = 400$ al girar alrededor del eje OX.

Solución: $V = \dfrac{320\pi}{3}u^3$

7. Encuentra el volumen del sólido de revolución generado al revolucionar la función $2\sqrt{sen\,x}$ definida en el intervalo de $[0, \pi]$ alrededor del eje OX.

Solución: $V = 8\pi$

8. Hallar el volumen del cuerpo de revolución engendrado al girar alrededor del eje OX, la región determinada por la función $f(x) = \dfrac{1}{2} + \cos x$ el eje de las abscisas y las rectas $x = 0$ y $x = \pi$.

Solución: $V = \dfrac{3\pi^2}{4}u^3$

9. Halla r el volumen del tronco de cono engendrado por la rotación alrededor de OX del área limitada por:

$y = 6 - x, \quad y = 0, \quad x = 0, \quad x = 4$

Solución: $\dfrac{208\pi}{3}u^3$

10. Calcula el volumen del sólido de revolución obtenido al girar la región sombreada como se indica en la figura.

Solución: $\dfrac{38\pi}{15}u^3$

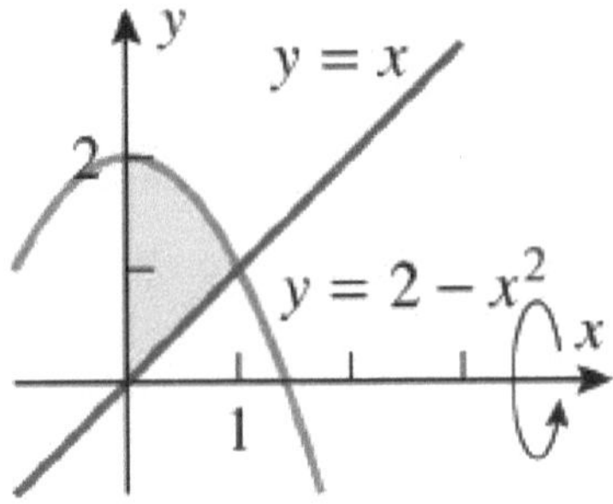

Figura 51.

11. Calcular $\iiint_V z(x^2 + y^2)dx\,dy\,dz$, siendo V el volumen exterior a la hoja superior del cono $z^2 = x^2 + y^2$ e interior al cilindro $x^2 + y^2 = 1$, con $z \geq 0$.

Solución: $\dfrac{\pi}{3}u^3$

12. Hallar el volumen del sólido determinado por las condiciones.

$$x^2 + y^2 + z^2 - R \leq 0, \quad x^2 + y^2 - 4a(z + a) \geq 0, \quad R > a > 0$$

Solución: $2\pi\left(\dfrac{a^3}{3} - aR^2 + \dfrac{2R^3}{3}\right)u^3.$

13. Calcular el volumen de la integral triple $\iiint_V (4x^2 + 9y^2 + 36z^2\, dx\, dy\, dz,)$ siendo V el volumen interior de elipsoide $4x^2 + 9y^2 + 36z^2 = 36$

Solución: $\dfrac{864\pi}{5} u^3$

14. Determinar el volumen comprendido entre los planos coordenados y los cilindros $4x^2 + 9y^2 = 36$, $4z^2 + 9y^2 = 36$.

Solución; $12u^2$

15. Calcula el volumen del sólido M:

$$M = \{(x, y, z) \in \mathbb{R}^3 : 0 \leq z \leq x^2 + y^2, x \leq x^2 + y^2 \leq 2x\}$$

Se trata de calcular el volumen V exterior al cilindro circular cuya traza en el plano OXY es la circunferencia de centro $\left(\frac{1}{2}, 0\right)$ y radio ½, que es interior al cilindro circular cuya sección por el plano OXY es la circunferencia de centro $(1,0)$ y radio 1, y que está limitado inferiormente por dicho plano y superiormente por el paraboloide circular $z = x^2 + y^2$.

Solución; $\dfrac{45\pi}{32}$

Ejercicios propuestos sin solución.

1. Mediante un cascarón cilíndrico calcule el volumen del sólido que se obtiene al hacer girar alrededor del eje x la región bajo la curva $y = \sqrt{x}$, desde 0 hasta 1.

2. Mediante el método de cascarones cilíndricos determine el volumen generado cuando gira cada una de las siguientes regiones que definen las curvas dadas, alrededor del eje específico:

   $y = \sqrt{x}, y = 0, x = 1;$ alrededor $x = -1$

3. Determine el volumen del sólido que se obtiene al girar alrededor de la recta $x = 2$ la región limitada por $x = y^2 + 1, x = 2$ y alrededor del eje $y = -2$.

4. La base de un sólido es la región comprendida entre la curva $y = sen\, x$ y las rectas $x = 0, x = \frac{\pi}{2}$ e $y = 0$. Las secciones planas del solido perpendicular al eje OX son triángulos equiláteros. Hallar el volumen del sólido.

5. Calcule el volumen del sólido encerrado por el cono $x^2 + y^2 = 4z^2$ y la esfera $x^2 + y^2 + z^2 = 5$ para $z \geq 0$

6. Calcular el volumen del sólido de revolución obtenido al girar la región comprendida entre la curva $y = x^2$, el eje x y la recta vertical $x = \sqrt{2}$ alrededor del eje x.

7. Determinar el volumen del sólido de revolución generado al girar alrededor del eje x, la región R comprendida entre $f(x) = 4$, $g(x) = 2\sqrt{x}$ desde $x = 0$ hasta $x = 4$.

8. Determinar el volumen de una esfera de radio R a la que se le practica una perforación cilíndrica de radio $r < R$, a lo largo de uno de sus diámetros.

9. Sea R la región del plano limitada por la recta $y - 2x = 0$ y la parábola $x^2 - y = 0$, utilice el método más conveniente para calcular el volumen del sólido obtenido al rotar R alrededor de:

$$y = 0, \qquad y = 5, \qquad x = 3, \qquad x = -1$$

10. Sea R la región del plano limitas por las rectas $y = -2x - 3$, $7x - y + 9 = 0$ y $4x - y + 2 = 0$. Utilice el método más conveniente para calcular el volumen del sólido obtenido al girar R alrededor de los siguientes ejes:

$$y = 0, \qquad y = 1, \quad x = 0 \quad y \quad x = -4$$

Vectores

En principio, podemos considerar un *vector* como un segmento de recta con una flecha en uno de sus extremos. De esta forma podemos, en un vector, distinguir cuatro partes fundamentales: punto de aplicación, intensidad, dirección y sentido. Si dos vectores se diferencian en cualquiera de los tres últimos elementos, intensidad, dirección o sentido, los consideraremos distintos, mientras que si sólo se diferencian en el punto de aplicación los consideraremos iguales.

Un vector también se define como un segmento de recta en el espacio que parte de un punto hacia otro, es decir que tiene dirección, magnitud y sentido.

Los científicos emplean el término vector para indicar una cantidad (por ejemplo, un desplazamiento, velocidad o fuerza) que tiene magnitud, dirección y sentido

El un vector, punto de aplicación es el punto de origen del segmento: su comienzo, a partir de él empieza el vector. Cuando se refiere a una magnitud medida, el punto de aplicación estará situado en el objeto sobre el que se realiza la medida y se moverá con él. Si medimos la velocidad de un auto, el vector que representa dicha velocidad tendrá su punto de aplicación en el auto y se desplazará con él.

Definición de un vector en forma de componente en el plano.

Si v es un vector del plano cuyo punto inicial es el origen y cuyo punto final es $\left(v_1, v_2\right)$, entonces el vector "v" en forma de componente viene dado por: $v = \left\langle v_1, v_2 \right\rangle$

Las coordenadas de v_1, y v_2 se conocen como componentes de v. si ambos puntos el inicial y el final son el origen, entonces v se llama vector cero, y se denota mediante $0 = \left\langle 0, 0 \right\rangle$

Combinación de vectores, suponga que una partícula se mueve de A a B, así que su vector de desplazamiento es $\vec{AB}$. Entonces la partícula cambia de dirección y se mueve de B a C, con el vector de desplazamiento $\vec{BC}$, el efecto combinado de estos desplazamientos es que la partícula se ha movido de A a C. el vector de desplazamiento resultante $\vec{AC}$ se llama suma de $\vec{AB}$ y de $\vec{BC}$ y se escribe: $\vec{AC} = \vec{AB} + \vec{BC}$ esta característica es conocida como la ley del triángulo. Ver figura 51.

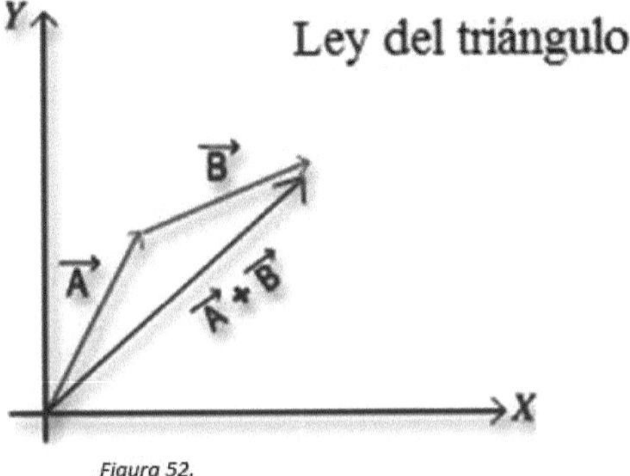

Figura 52.

Magnitud de un vector.

La magnitud o longitud de un vector **v** es la longitud de cualquiera de sus representaciones y se denota por el símbolo $|v|$ o $\|v\|$. Al usar la fórmula de distancia para calcular la longitud de un segmento $\overline{OP}$, se obtienen las siguientes referencias matemáticas.

Longitud del vector bidimensional

$$a = \langle a_1, a_2 \rangle \quad es \quad |a| = \sqrt{a_1^2 + a_2^2}$$

Longitud de un vector tridimensional

$$|a| = \langle a_1, a_2, a_3 \rangle \quad es \quad |a| = \sqrt{a_1^2 + a_2^2 + a_3^2}$$

Donde para sumar algebraicamente vectores se suman sus componentes, de manera similar para restar vectores se restan sus componentes.

Y para multiplicar un vector por un escalar se multiplica cada componente por ese escalar, ver los ejemplos siguientes:

$$a = \langle a_1, a_2 \rangle \; y \; b = \langle b_1, b_2 \rangle \; entonces$$

$$Si \begin{array}{l} suma \quad a+b = \langle a_1 + b_1, a_2 + b_2 \rangle \\ resta \quad a-b = \langle a_1 - b_1, a_2 - b_2 \rangle \\ producto \quad ac = \langle ca_1, ca_2 \rangle \end{array}$$

De manera similar para vectores en tres dimensiones.

Por ejemplo. $Si \; a = \langle 4, 0, 3 \rangle \quad y \quad b = \langle -2, 1, 5 \rangle$ encuentre $|a|$ y los vectores $a+b, \quad a-b, \quad 3b \quad y \quad 2a+5b.$

Respuesta: $|a| = \sqrt{4^2 + 0^2 + 3^2} = \sqrt{25} = 5$

$$a+b = \langle 4,0,3 \rangle + \langle -2,1,5 \rangle = \langle 4+(-2),0+1,3+5 \rangle = \langle 2,1,8 \rangle$$

$$a-b = \langle 4,0,3 \rangle - \langle -2,1,5 \rangle = \langle 4-(-2).0-1,3-5 \rangle = \langle 6,-1,-2 \rangle$$

$$3b = 3\langle -2,1,5 \rangle = \langle 3(-2),3(1),3(5) \rangle = \langle -6,3,15 \rangle$$

$$2a+5b = 2\langle 4,0,3 \rangle + 5\langle -2,1,5 \rangle = \langle 8,0,6 \rangle + \langle -10,5,25 \rangle = \langle -2,5,31 \rangle$$

Vectores en base estándar.

Sean i, j, k tres vectores en V_3 entonces

$$i = \langle 1,0,0 \rangle \quad j = \langle 0,1,0 \rangle \quad k = \langle 0.0.1 \rangle$$

Estos vectores i, j, k se denominan vectores base estándar. Tienen longitud 1 y apuntan en las direcciones de los ejes positivos x, y, z (se obvia la explicación para dos dimensiones).

$$a = \langle a_1, a_2, a_3 \rangle = \langle a_1,0,0 \rangle + \langle 0, a_2,0 \rangle + \langle 0,0, a_3 \rangle$$
$$\text{Si } a = a_1 \langle 1,0,0 \rangle + a_2 \langle 0,1,0 \rangle + a_3 \langle 0,0,1 \rangle$$
$$a = a_1 i + a_2 j + a_3 k$$

De tal manera que cualquier vector en V_3 se puede expresar en términos de los vectores de base estándar i, j, k. Sea

$$\langle 1,-2,6 \rangle = i - 2j + 6k$$

Vector unitario, el vector unitario es un vector cuya longitud es 1, por ejemplo i, j, k son vectores unitarios. En general, si $a \neq 0$ entonces el vector unitario que tiene la misma dirección que a es:

$$u = \frac{1}{|a|} a = \frac{a}{|a|}$$

Determine las magnitudes y las fuerzas de tensión T_1 y T_2 de una pesa de 100 libras que cuelga de dos cables como se ilustra en la figura 21.

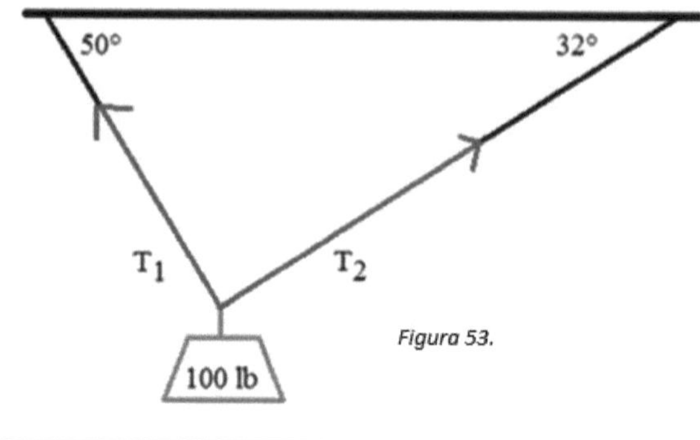

Figura 53.

Solución. Expresar $T_1\ y\ T_2$ en términos de sus componentes horizontal y vertical.

$$T_1 = -|T_1|\cos 50°i + |T_1|sen\ 50°j$$
$$T_2 = |T_2|\cos 32°i + |T_2|sen\ 32°j$$

La resultante $T_1\ y\ T_2$ de las tensiones contrarresta el peso w y por tanto, tenemos

$$T_1\ y\ T_2 = -w = 100j \qquad \text{así}$$
$$(-|T_1|\cos 50° + |T_2|\cos 32°)i + (|T_1|\ sen\ 50° + |T_2|sen\ 32°)j = 100j$$

Al igualar componentes

$$(-|T_1|\cos 50° + |T_2|\cos 32°) = 0$$
$$(|T_1|\ sen\ 50° + |T_2|sen\ 32°) = 100$$

Al despejar $\left|T_2\right|$ de la primera ecuación y sustituir en la segunda, obtenemos $\left|T_1\right| sen\, 50° + \dfrac{\left|T_1\right| \cos 50°}{\cos 32°} sen32° = 100$

Así las magnitudes de las tensiones son:

$$\left|T_1\right| = \frac{100}{sen\, 50° \tan 32° \cos 50°} \approx 85.64Lb$$

$$\left|T_2\right| = \frac{\left|T_1\right| \cos 50°}{\cos 32°} \approx 64.91Lb$$

Sustituyendo estos valores en las ecuaciones primeras obtenemos los vectores de tensión.

$$T_1 \approx -55.05i + 65.60j \quad T_2 \approx 55.05i + 34.40j$$

Ejercicios resueltos con solución.

1. Encuentre el vector unitario en la dirección del vector $2i - j - 2k$

   Solución: el vector dado tiene la longitud

   $$|2i - j - 2k| = \sqrt{2^2 + (-1)^2 + (-2)^2} = \sqrt{9} = 3$$

   entonces el vector unitario con la misma dirección es

   $$\frac{1}{3}(2i, -j, -2k) = \frac{2}{3}i - \frac{1}{3}j - \frac{2}{3}k$$

2. Calcule el producto cruz de los siguientes vectores.

   $$a = i - j - k \qquad b = \frac{1}{2}i + j + \frac{1}{2}k$$

   $$(axb) = \begin{vmatrix} 1 & -1 & -1 \\ \dfrac{1}{2} & 1 & \dfrac{1}{2} \end{vmatrix} = \begin{vmatrix} -1 & -1 \\ 1 & \dfrac{1}{2} \end{vmatrix} i - \begin{vmatrix} 1 & -1 \\ \dfrac{1}{2} & \dfrac{1}{2} \end{vmatrix} j + \begin{vmatrix} 1 & -1 \\ \dfrac{1}{2} & 1 \end{vmatrix} k$$

   $$= \left(-\frac{1}{2} + 1\right)i - \left(\frac{1}{2} + \frac{1}{2}\right)j + \left(1 + \frac{1}{2}\right)k$$

   $$= \frac{1}{2}i - j + \frac{3}{2}k$$

3. Si $a = (4, 0, 3)$ y $b = (-2, 1, 5)$, encuentre $|a|$ y los vectores. $a + b, a - b, 3b$ y $2a + 5b$

   Solución: $= \langle 8, 0, 6 \rangle + \langle -10, 5, 25 \rangle = \langle -2, 5, 31 \rangle$

encuentre $a+b, \quad 2a+3b, \quad |a| \quad y \quad |a-b|$

$$a = \langle 5,-12 \rangle, b = \langle -3,-6 \rangle$$

$$a = 4i + j, b = i - 2j$$

$$a = i + 2j - 3k, b = -2i - j + 5k$$

4. Hallar la función potencial para $F(x, \ y) = 2xyi + (x^2 - y)j$

Atendiendo el criterio de campo vectorial conservativo en el plano se tiene que:

$$\frac{\partial}{\partial y}[2xy] = 2x \quad y \quad \frac{\partial}{\partial x}[x^2 - y] = 2x$$

Si f es una función tal que $\nabla f(x, \ y) = f_x(x,y)i + f_{y(x,y)}j$

De aquí que: $f_x = (x,y) = 2xy \quad y \quad f_y = (x,y) = x^2 - y$

Para construir la función f a partir de estas dos derivadas parciales, integramos $f_x = (x,y)$ con respecto a x y $f_y = (x,y)$ con respecto a y como se sigue:

$$f(x,y) = \int f_x(x,y)dx = \int 2xy \, dx = x^2y + g(y) + K$$

$$f(x,y) = \int f_y(x,y)dy =$$

$$\int (x^2 - y)dy = x^2y - \frac{y^2}{2} + h(x) + K$$

Ahora se ajustan las diferencias entre estas dos expresiones de $f(x,y)$ como $g(y) = -\frac{y^2}{2}$ resulta que $h(x) = 0$ se tiene que:

$$f(x,y) = x^2y + g(y) + K = x^2y - \frac{y^2}{2} + K$$

5. Cálculo de una función potencial para $F(x, y, z)$. Hallar una función potencial para $F(x, y, z) = 2xyi + (x^2 + z^2)j + 2zyk$

Como el campo vectorial definido por F es conservativo entonces si $F(x, y, z) = \nabla f(x, y, z)$ entonces:

$$f_x(x, y, z) = 2xy, \quad f_y = (x, y, z) = x^2 + z^2 \quad y \quad f_z(x, y, z) = 2zy$$

Integrando con respecto de x, y, z por separado se tiene:

$$f(x, y, z) = \int M \, dx = \int 2xy \, dx = x^2 y + g(y, z) + K$$

$$f(x, y, z) = \int N \, dy = \int (x^2 + z^2) \, dy = x^2 y + z^2 y + h(x, z) + K$$

$$f(x, y, z) = \int P \, dz = \int 2zy \, dz = z^2 y + k(x, y) + K$$

Comparando las tres versiones de $f(x, y, z)$ se deduce que:

$$g(y, z) = z^2 y, \quad h(x, z) = 0, \quad k(h, y) = x^2 y$$

Por tanto

$$f(x, y, z) = x^2 y + z^2 y + K$$

6. Hallar la divergencia en $(2, 1, -1)$ del campo vectorial de:

$$F(x, y, z) = x^3 y^2 zi + x^2 zj + x^2 yk$$

Por definición sea:

$$Div. F(x, y, z) = \frac{\partial}{\partial x}[x^3 y^2 z] + \frac{\partial}{\partial y}[x^2 z] + \frac{\partial}{\partial z}x^2 y = 3x^2 y^2 z$$

En el punto $(2, 1, -1)$ es por tanto:

$$Div \, F(2, 1, -1) = 3(2^2)(1^2)(-1) = -12$$

Ejercicios propuestos con solución

1. Hallar el campo vectorial gradiente de la función escalar dada

   $f(x, y) = 5x^2 + xy + 10y^2$

   Solución: $(10x + 3y)i + (3x + 20y)j$

2. Hallar el campo vectorial gradiente de la función escalar dada.

   $f(x, y, z) = z - ye^{x^2}$

   Solución: $-2xye^{x^2}i - e^{x^2}j + k$

3. Hallar el campo vectorial conservativo de la función potencial dada.

   $g(x, y, z) = xy \ln (x + y)$

   Solución: $\left[\frac{xy}{x+y} + y\ln(x + y)\right] i + \left[\frac{xy}{x+y} + x\ln(x + y)\right] j$

4. Determinar si el campo vectorial F es conservativo, en caso afirmativo encontrar una función potencial para ello.

   $F(x, y, z) = senyi - xcosyj + k$

   Solución: No conservativo

5. Determinar si el campo vectorial F es conservativo, en caso afirmativo encontrar una función potencial para ello.

   $F(x, y, z) = e^z(yi + xj + k)$

   Solución: Conservativo $xye^z + k$

6. Hallar la divergencia del campo vectorial $F(x, y, z) = 6x^2 i - xy^2 j$

Solución: $12x - 2xy$

7. Hallar la divergencia del campo vectorial $F(x, y, z) = sen\ xi + cs\ yj + z^2 k$

Solución: $\cos x - sen\ y + 2z$

8. Hallar la divergencia del campo vectorial F en el punto dado.

$F(x, y, z) = xyzi + yj + zk$ $Punto\ (1, 2, 1)$

Solución: 4

9. Hallar la divergencia del campo vectorial F en el punto dado.

$Fx, y, z) = e^x sen\ yi - e^x cosyj$ $Punto\ (0, 0, 3)$

Solución: 0

10. Hallar la divergencia del campo vectorial $(F\ x\ G)$.

$F(x, y, z) = i + 2xj + 3yk$ $G(x, y, z) = xiyjzk$

Solución: $2z + 3x$

Ejercicios propuestos sin solución

1. Si un niño jala un trineo sobre la nieve con una fuerza de 50 N ejercida a un ángulo de 38° por encima de la horizontal, encuentre las componentes horizontal y vertical de la fuerza.

2. Un mariscal de campo lanza un balón con un ángulo de elevación de 40° y una rapidez de 60 pies/seg. Encuentre las componentes horizontal y vertical del vector velocidad.

3. Las cuerdas de 3 m y 5 m de longitud están atadas a una estrella decorativa suspendida sobre una plaza principal. La decoración tiene una masa de 5 kg las cuerdas sujetadas a distintas alturas forman ángulos de 52° y 40° con la horizontal. Encuentre la tensión en cada cuerda y la magnitud de cada tensión.

4. Encuentre el vector representado por el segmento de recta dirigido con punto inicial A(2, -3, 4) y punto terminal B(-2, 1, 1).

5. Hallar el campo gravitacional gradiente de la función dada.
$$f(x, y) = 5x^2 + xy + 10y^2$$

6. Hallar el campo gravitacional gradiente de la función dada.
$$f(x, y) = sen\ 3x \cos 4y$$

7. Hallar el rotacional del campo vectorial F en el punto dado.

$$F(x, y, z) = xyzi + yj + zk \quad Punto\ (1,2,1)$$

8. Hallar el rotacional de campo vectorial F en el punto dado.

$$F(x, y, z) = x^2 zi - 2xzj + yzk \quad Punto\ (2, -1, 3)$$

9. Hallar la divergencia del campo vectorial F en el punto dado.

$$F(x, y, z) = xyzi + yj + zk \quad Punto\ (1, 2, 1)$$

10. Hallar la divergencia del campo vectorial F en el punto dado.

$$F(x, y, z) = x^2 zi - 2xzj + yzk \quad Punto\ (2, -1, 3)$$

Matrices

El término matriz fue usado por primera vez por el matemático James Joseph Sylvester (1814 − 1897) para distinguir las matrices de los determinantes, de hecho el término matriz en matemáticas significa madre de los determinantes.

Sea una matriz A de $m \times n$ un arreglo rectangular de mn números distribuidos en un orden de m renglones y n columnas.

$$
A = \begin{pmatrix}
a_{11} & a_{12} & \cdots & a_{1j} & \cdots & a_{1n} \\
a_{21} & a_{22} & & a_{2j} & & a_{2n} \\
\vdots & \vdots & & \vdots & & \vdots \\
a_{i1} & a_{i2} & \cdots & a_{ij} & \cdots & a_{in} \\
\vdots & \vdots & & \vdots & & \vdots \\
a_{m1} & a_{m2} & \cdots & a_{mj} & \cdots & a_{mn}
\end{pmatrix}
$$

El número a_{ij}, que aparece en el renglón i-ésimo y en la columna j-ésima de A, se conoce como la j-ésima componente de A. por conveniencia, la matriz A se escribe en ocasiones $A = \left(a_{ij} \right)$.c comúnmente las matrices se denotan con letras mayúsculas.

Es necesario reconocer para efectos didácticos que existen múltiples tipos de matrices que por su forma y elementos, presentan diferentes denominaciones como por ejemplo las características siguientes.

Tipo de Matriz	Característica	Tipo de Matriz	Característica
Fila	Tiene una sola fila su orden 1xn	Cuadrada	Tiene igual número de filas que de columnas es de orden n.
Columna	Tiene una sola columna, su orden mx1	Simétrica	Siendo cuadrada es igual a su transpuesta.
Rectangular	Tiene distinto número de filas que de columnas, su orden $mxn \, m \neq n$	Asimétrica	Siendo cuadrada es igual a la opuesta de su transpuesta
Transpuesta	Se obtiene cambiando ordenadamente las filas por las columnas	Diagonal	Siendo cuadrada tiene todos sus elementos nulos excepto los de la diagonal principal
Opuesta	Resulta de sustituir cada elemento por su opuesto	Escalar	Siendo cuadrada tiene todos sus elementos nulos excepto los de la diagonal principal que son iguales.
Nula	Todos sus elementos son cero	Identidad	Siendo cuadrada tiene todos sus elementos nulos excepto los de la diagonal principal que son iguales a 1.
Triangular	Son nulos los elementos por debajo y por encima de la diagonal principal	Normal	Solo si conmuta con su transpuesta.

Ejemplos de matrices.

$$A = \begin{pmatrix} 1 & 3 \\ 4 & 2 \end{pmatrix}, 2x2 \quad A = \begin{pmatrix} -1 & 3 \\ 4 & 0 \\ 1 & -2 \end{pmatrix}, 3x2 \quad A = \begin{pmatrix} -1 & 4 & 1 \\ 3 & 0 & 2 \end{pmatrix}, 2x3$$

$$A = \begin{pmatrix} 1 & 6 & -2 \\ 3 & 1 & 4 \\ 2 & -6 & 5 \end{pmatrix}, 3x3 \quad A = \begin{pmatrix} 0 & 0 & 0 & 0 \\ 0 & 0 & 0 & 0 \end{pmatrix}, 2x4$$

Los vectores pueden ser vistos como caos especiales de matrices. Así por ejemplo, el vector renglón n- dimensional $(a_1, a_2, .. a_n)$ es una matriz de $1xn$, mientras que el vector columna n – dimensional $\begin{matrix} a_1 \\ a_2 \\ \vdots \\ a_n \end{matrix}$ es una matriz de $nx1$.

Las matrices como los vectores, surgen de un gran número de situaciones prácticas por ejemplo el vector $\begin{pmatrix} 10 \\ 30 \\ 15 \\ 60 \end{pmatrix}$ puede representar cantidades ordenadas de cuatro productos diferentes usados por un fabricante. Si suponemos que hay5 centro de distribución entonces la matriz de 4x5 $Q = \begin{pmatrix} 10 & 20 & 15 & 16 & 25 \\ 30 & 10 & 20 & 25 & 22 \\ 15 & 22 & 18 & 20 & 13 \\ 60 & 40 & 50 & 35 & 45 \end{pmatrix}$ puede representar las ordenes de los cuatro productos en los diferentes centros de distribución, aquí por ejemplo el centro de distribución 4 envía 25 unidades del segundo producto, así sucesivamente.

Escalares con matrices

El álgebra de matrices, o sea las reglas por medio de las cuales se pueden sumar y multiplicar matrices, fueron desarrolladas por el matemático Inglés Arthur Cayley.

Con Cayley las matrices surgieron en relación con las transformaciones lineales del tipo $\begin{matrix} x' = ax + by \\ y' = cx + dy \end{matrix}$ en donde a,b,c y d son números reales que pueden considerarse como una representación del punto (x, y) en el punto (x', y'), donde la transformación se determina completamente por los cuatro coeficientes a, b, c, y d y entonces la transformación se simboliza con un arreglo cuadrado $\begin{pmatrix} a & b \\ c & d \end{pmatrix}$.

Multiplicación de una matriz por un escalar.

Si $A = \left(a_{ij}\right)$ es una matriz de mxn y si α es un escalar, entonces la matriz $\alpha A\ de\ \ mxn$ está dada por:

$$\alpha A = \left(\alpha a_{ij}\right) = \begin{pmatrix} \alpha a_{11} & \alpha a_{12} & \cdots & \alpha a_{1n} \\ \alpha a_{21} & \alpha a_{22} & \cdots & \alpha a_{2n} \\ \vdots & \vdots & & \vdots \\ \alpha a_{m1} & \alpha a_{m2} & \cdots & \alpha a_{mn} \end{pmatrix},$$ en otras palabras

$\alpha A\ de\ \ mxn$ es la matriz que se obtiene multiplicando α por cada componente de A.

Vectores con matrices

Producto escalar de dos vectores sean $a = \begin{pmatrix} a_1 \\ a_2 \\ \vdots \\ a_3 \end{pmatrix}$ y $b = \begin{pmatrix} b_1 \\ b_2 \\ \vdots \\ b_n \end{pmatrix}$ dos n-vectores.

Entonces el producto escalar de a y b, representado por a.b está dado por:

$a \bullet b = a_1 b_1 + a_2 b_2 + \cdots + a_n b_n$ el producto escalar de dos vectores es conocido como producto punto de los vectores. Nótese que el producto escalar de dos n –vectores es un escalar.

Nota. Cuando se realiza el producto escalar de a y de b, es necesario que a y b tengan el mismo número de componentes.

1. Sean $a = (2,\ \ 3,\ \ 4,\ \ -6)$ y $b = \begin{pmatrix} 1 \\ 2 \\ 0 \\ 3 \end{pmatrix}$ calcule $a \bullet b$

Solución.
$a \bullet b = (2)(1) + (-3)(2) + (4)(0) + (-6)(3) = 2 - 6 + 0 - 18 = -22$

2. Suponga que un fabricante produce 4 artículos, la demanda para los artículos está dada por el vector de demanda d=(30, 20, 40, 10), los precios unitarios para los artículos están dados por el vector de precios p=($20, $15, $18, $40). Si satisface su demanda, ¿Cuánto dinero recibirá el fabricante?

Matrices con matrices.
Producto de dos matrices.

Sea $A = \left(a_{ij}\right)$ una matriz de *mxn* cuyo *i*- ésimo renglón denotamos por a_i , sea $B = \left(b_{ij}\right)$ un matriz de *nxp* cuya *j* –ésima columna denotamos por b_j entonces el producto de A y B es una matriz $C = \left(c_{ij}\right)$, de *mxp* donde:

$$c_{ij} = a_i \bullet b_j$$

Esto es el ij – ésimo elemento de AB es el producto escalar del *i*- ésimo renglón de $A(a_i)$ y la j –ésima columna de $B(b_j)$, o sea:

$$C_{ij} = a_{i1}b_{1j} + a_{i2}b_{2j} + \cdots + a_{in}b_{nj}.$$

Nota: dos matrices pueden multiplicarse solo si el número de columnas de la primera es igual a 1 número de renglones de la segunda. De otra forma los vectores a_i y b_j tendrían diferente número de componentes y el producto escalar no estaría definido.

Si $A = \begin{pmatrix} 1 & 3 \\ -2 & 4 \end{pmatrix}$ y $B = \begin{pmatrix} 3 & -2 \\ 5 & 6 \end{pmatrix}$ Calcule AB y BA

Sea $C = \left(c_{ij}\right) = AB$ entonces:

$$C_{11} = a_1 \cdot b_1 = \begin{pmatrix} 1 & 3 \end{pmatrix}\begin{pmatrix} 3 \\ 5 \end{pmatrix} = 3 + 15 = 18$$

$$C_{12} = a_1 \cdot b_2 = \begin{pmatrix} 1 & 3 \end{pmatrix}\begin{pmatrix} -2 \\ 6 \end{pmatrix} = -2 + 18 = 16$$

$$C_{21} = a_2 \cdot b_1 = \begin{pmatrix} -2 & 4 \end{pmatrix}\begin{pmatrix} 3 \\ 5 \end{pmatrix} = -6 + 20 = 14$$

$$C_{22} = a_2 \cdot b_2 = \begin{pmatrix} -2 & 4 \end{pmatrix}\begin{pmatrix} -2 \\ 6 \end{pmatrix} = 4 + 24 = 28$$

Así $C = AB = \begin{pmatrix} 18 & 16 \\ 14 & 28 \end{pmatrix}$

Análogamente dejando los pasos intermedios se tiene que:

$$C' = BA = \begin{pmatrix} 3 & -2 \\ 5 & 6 \end{pmatrix}\begin{pmatrix} 1 & 3 \\ -2 & 4 \end{pmatrix} = \begin{pmatrix} 3+4 & 9-8 \\ 5-12 & 15+24 \end{pmatrix} = \begin{pmatrix} 7 & 1 \\ -7 & 39 \end{pmatrix}$$

Determinante de una matriz.

Para una matriz cuadrada $A[n, n]$, el determinante de A, det(A), es un escalar definido como la suma de $n!$, términos involucrando el producto de n elementos de la matriz, daca uno proveniente exactamente de una fila y columna diferente. Además cada término de la suma está multiplicando por -1 o +1 dependiendo del número de permutaciones del orden de las columnas que contenga.

Sea $A = \begin{pmatrix} a_{11} & a_{12} \\ a_{21} & a_{22} \end{pmatrix}$ como una matriz de 2x2. O sea

$\det A = a_{11}a_{22} - a_{12}a_{21}$

Con frecuencia se denota el det A, como $|A| = \begin{vmatrix} a_{11} & a_{12} \\ a_{21} & a_{22} \end{vmatrix}$ en este apartado

se tratarán algunas propiedades de los determinantes y se verán como pueden ser usadas para calcular inversas y resolver sistemas de n ecuaciones lineales con n incógnitas.

Determinante de 3x3 sea $A = \begin{pmatrix} a_{11} & a_{12} & a_{13} \\ a_{21} & a_{22} & a_{23} \\ a_{31} & a_{32} & a_{33} \end{pmatrix}$ entonces:

$$\det A = |A| = a_{11}\begin{vmatrix} a_{22} & a_{23} \\ a_{32} & a_{33} \end{vmatrix} - a_{12}\begin{vmatrix} a_{21} & a_{23} \\ a_{31} & a_{33} \end{vmatrix} + a_{13}\begin{vmatrix} a_{21} & a_{22} \\ a_{31} & a_{32} \end{vmatrix}$$

1. Sea $A = \begin{pmatrix} 3 & 5 & 2 \\ 4 & 2 & 3 \\ -1 & 2 & 4 \end{pmatrix}$ $calcule$ $|A|$

Solución: $|A| = \begin{vmatrix} 3 & 5 & 2 \\ 4 & 2 & 3 \\ -1 & 2 & 4 \end{vmatrix} = 3\begin{vmatrix} 2 & 3 \\ 2 & 4 \end{vmatrix} - 5\begin{vmatrix} 4 & 3 \\ -1 & 4 \end{vmatrix} + 2\begin{vmatrix} 4 & 2 \\ -1 & 2 \end{vmatrix}$

$|A| = 3x2 - 5x19 + 2x10 = -69$

Existe otro método para calcular determinantes de 3x3, se escribe A y junto a ella sus dos primeras columnas de la siguiente manera:

$A = \begin{vmatrix} a_{11} & a_{12} & a_{13} \\ a_{21} & a_{22} & a_{23} \\ a_{31} & a_{32} & a_{33} \end{vmatrix}\begin{matrix} a_{11} & a_{12} \\ a_{21} & a_{22} \\ a_{31} & a_{32} \end{matrix}$ Luego se calculas los seis productos de las

diagonales de la matriz original anteponiendo el signo negativo al producto de las diagonales inferiores de la matriz original. Ver el siguiente ejemplo.

$$A = \begin{pmatrix} 3 & 5 & 2 \\ 4 & 2 & 3 \\ -1 & 2 & 4 \end{pmatrix} \quad calcule \quad |A| \text{ Usando el nuevo método.}$$

$$A = \begin{pmatrix} 3 & 5 & 2 \\ 4 & 2 & 3 \\ -1 & 2 & 4 \end{pmatrix} \begin{matrix} 3 & 5 \\ 4 & 2 \\ -1 & 2 \end{matrix} \text{ Si operamos como se indicó}$$

$$|A| = (3x2x4) + (5x3x-1) + (2x4x2) - (-1x2x2) - (2x3x3) - (4x4x5)$$

$$|A| = 24 - 15 + 16 + 4 - 18 - 80 = -69$$

Nota. Este método solo funciona para $nxn \quad si \quad n \neq 3$

2. Calcule el determinante de A si $A = \begin{pmatrix} 1 & 3 & 5 & 2 \\ 0 & -1 & 3 & 4 \\ 2 & 1 & 9 & 6 \\ 3 & 2 & 4 & 8 \end{pmatrix}$

Ejercicios resueltos con solución.

$$A = \begin{pmatrix} 1 & -3 & 4 & 2 \\ 3 & 1 & 4 & 6 \\ -2 & 3 & 5 & 7 \end{pmatrix}$$

1.Sea A calcule la siguiente operación con el escalar $\alpha = 2$ y $\alpha = -3$

Solución.
$$2A = \begin{pmatrix} 2 & -6 & 8 & 4 \\ 6 & 2 & 8 & 12 \\ -4 & 6 & 10 & 14 \end{pmatrix}$$ y

$$-3A = \begin{pmatrix} -3 & 9 & -12 & -6 \\ -9 & -3 & -12 & -18 \\ 6 & -9 & -15 & -21 \end{pmatrix}$$

2. Encuentre el producto cruz $a \times b$ y compruebe que es ortogonal a, a y b.

$$a = i - j - k, b = \frac{1}{2}i + j + \frac{1}{2}k$$

$$(a)(b) = \begin{vmatrix} i & j & k \\ 1 & -1 & -1 \\ \dfrac{1}{2} & 1 & \dfrac{1}{2} \end{vmatrix} = \begin{vmatrix} -1 & -1 \\ 1 & \dfrac{1}{2} \end{vmatrix} i - \begin{vmatrix} 1 & -1 \\ \dfrac{1}{2} & \dfrac{1}{2} \end{vmatrix} j + \begin{vmatrix} 1 & -1 \\ \dfrac{1}{2} & 1 \end{vmatrix} k$$

$$= (-\frac{1}{2}+1)i - (\frac{1}{2}+\frac{1}{2})j + (1+\frac{1}{2})k = -\frac{1}{2}i + 1i - j + 1k + \frac{1}{2}k = \frac{1}{2}i - j + \frac{3}{2}k$$

$$R = \frac{1}{2}i - j + \frac{3}{2}k$$

3. Encuentre el producto cruz a X b y compruebe que es ortogonal a,
   a y b. Dónde:

$$a = ti + \cos tJ + sentK$$
$$b = i - sentJ + \cos tK$$

$$axb = \begin{vmatrix} i & j & k \\ t & \cos t & sent \\ 1 & -sent & \cos t \end{vmatrix} = i \begin{vmatrix} \cos t & sent \\ -sent & \cos t \end{vmatrix} - j \begin{vmatrix} t & sent \\ 1 & \cos t \end{vmatrix} + k \begin{vmatrix} t & \cos t \\ 1 & -sent \end{vmatrix}$$

$$= i\left(\cos^2 t^2 + sen^2 t^2\right) - j\left(t\cos t - sent\right) + k\left(-tsent - \cos t\right)$$

$$Solución = i\cos^2 t^2 + isen^2 t^2 - jt\cos t + j\cos t - ktsent - k\cos t$$

Ejercicios propuestos con solución.

1. $a = i + 3j - 2k$, $b = -i + 5k$

   Solución: $= 15i - 3j + 3k$

2. Encuentre el producto cruz a X b y compruebe que es ortogonal a, a y b. Dónde:

   $a = j + 7k$

   $b = 2i - j + 4k$

   Solución: $\quad axb = 11i + 14j - 2k$

3. Calcula el producto de las matrices A y B.

   $$A = \begin{pmatrix} 1 & 0 & 0 \\ -2 & 1 & 0 \\ 1 & 0 & 1 \end{pmatrix} \text{ y } B = \begin{pmatrix} 2 & 1 & 1 \\ 4 & 1 & 0 \\ -2 & 2 & 1 \end{pmatrix}$$

   Solución: $A * B = \begin{pmatrix} 2 & 1 & 1 \\ 0 & -1 & -2 \\ 0 & 3 & 2 \end{pmatrix}$

4. Calcula el producto de las matrices A y B.

   $$A = \begin{pmatrix} 1 & 0 & 0 \\ -2 & 1 & 0 \\ -5 & 3 & 1 \end{pmatrix} \text{ y } B = \begin{pmatrix} 2 & 1 & 1 \\ 4 & 1 & 0 \\ -2 & 2 & 1 \end{pmatrix}$$

   Solución: $A * B = \begin{pmatrix} 2 & 1 & 1 \\ 0 & -1 & -2 \\ 0 & 0 & -4 \end{pmatrix}$

5. Calcula la inversa de la matriz por el método de eliminación de Gauss.

   $$sea\ A = \begin{pmatrix} 1 & 1 & 0 \\ 0 & 1 & 1 \\ 0 & 0 & 1 \end{pmatrix}$$

Solución: $A^{-1} = \begin{pmatrix} 1 & -1 & 1 \\ 0 & 1 & -1 \\ 0 & 0 & 1 \end{pmatrix}$

6. Calcula la inversa de la matriz por el método de eliminación de Gauss.

$$sea\ B = \begin{pmatrix} 1 & 1 & 1 \\ 0 & 1 & 1 \\ 0 & 0 & 1 \end{pmatrix}$$

Solución: $B^{-1} = \begin{pmatrix} 1 & -1 & 0 \\ 0 & 1 & -1 \\ 0 & 0 & 1 \end{pmatrix}$

7. Calcula el rango de la siguiente matriz.

$$Sea\ A = \begin{pmatrix} 2 & 1 & 1 \\ 4 & 2 & 2 \\ 8 & 4 & 4 \\ -2 & -1 & -1 \end{pmatrix}$$

Solución: $Rango\ A = 1$

8. Calcula el rango de la siguiente matriz.

$$Sea\ B = \begin{pmatrix} 1 & -5 & 0 \\ 3 & 2 & 1 \\ 0 & -17 & 1 \end{pmatrix}$$

Solución: $Rango\ B = 2$

9. Calcula el rango de la siguiente matriz A según el valor de su parámetro.

$$Sea\ A = \begin{pmatrix} a & 1 & 1 \\ 1 & a & 1 \\ 1 & 1 & a \end{pmatrix}$$

Solución: $Rango\ A.$ $Si\ a^2 + a - 2 = 0 \rightarrow \begin{cases} a = 1 \\ a = -2 \end{cases}$

Ejercicios propuestos sin solución.

1. Encuentre el producto cruz (axb) y compruebe que es ortogonal a, a y b. Dónde:

$$a = 22i + 12k$$
$$b = i - j - 3k$$

2. Encuentre el producto cruz (axb) y compruebe que es ortogonal a. a y b.

$$a = j + 7k, \qquad b = 2i - j + 4k$$

3. Sea $A = \begin{pmatrix} 1 & 2 & 4 \\ -7 & 3 & -2 \end{pmatrix}$ y $B = \begin{pmatrix} 4 & 0 & 5 \\ 1 & -3 & 6 \end{pmatrix}$

calcule: $-2A + 3B$

$$-2A + 3B = (-2)\begin{pmatrix} 1 & 2 & 4 \\ -7 & 3 & -2 \end{pmatrix} + 3\begin{pmatrix} 4 & 0 & 5 \\ 1 & -3 & 6 \end{pmatrix} = \begin{pmatrix} -2 & -4 & -8 \\ 14 & -6 & 4 \end{pmatrix} + \begin{pmatrix} 12 & 0 & 15 \\ 3 & 9 & 18 \end{pmatrix} = \begin{pmatrix} 10 & -4 & 7 \\ 17 & -15 & 22 \end{pmatrix}$$

4. Sean

$$A = \begin{pmatrix} 1 & -1 & 2 \\ 3 & 4 & 5 \\ 0 & 1 & 1 \end{pmatrix}, \qquad B = \begin{pmatrix} 0 & 2 & 1 \\ 3 & 0 & 5 \\ 7 & -6 & 0 \end{pmatrix} \quad y \quad C\begin{pmatrix} 0 & 0 & 2 \\ 3 & 1 & 0 \\ 0 & -2 & 4 \end{pmatrix}$$

calcule

$$A-2B, \quad 3A-C, \quad A+B+C, \quad 2A-B+2C, \quad C-A-B, \quad A+B+C, \quad 4C-B+3A$$

5. Halle una matriz D de manera que $A+B+C+D$ sea la matriz cero de $(3x3)$

6. Encuentre una matriz E de manera que $3C - 2B + 8^a - 4E$ sea la matriz cero de $(3x3)$.

7. Resuelva la siguiente matriz.

$$\begin{bmatrix} 1 & 3 & 2 & 5 \\ 0 & 4 & 7 & 3 \\ 0 & 0 & 1 & 2 \\ 0 & 0 & 0 & 2 \end{bmatrix}$$

Sobre los autores

Dr. Víctor Manuel Ramírez Hernández.

Email: vramirez@docentes.uat.edu.mx

ID https://orcid.org/0000-0002-1554-8971

Dr. Luis Alberto Aldape Ballesteros

Email: laldape@uat.edu.mx

ID https://orcid.org/0000-0001-7904-648X

Master. Jesús Ponce García

Email: jeponce@docentes.uat.edu.mx

ID https://orcid.org/0000-0003-3895-9367

 El Dr. Víctor Manuel Ramírez Hernández, realizó estudios de Lic. En Ciencias Físico Matemáticas con especialidad en Docencia Superior, en la Facultad de Ciencias de la Educación, realizó estudios de Maestría en Docencia en la Universidad Autónoma de Tamaulipas, curso el programa Doctoral de Cognición y Aprendizaje con la Universidad de Sevilla España, realizó estudios Doctorales en Educación, en la Universidad Autónoma de Tamaulipas.

Actualmente es docente investigador adscrito en la Facultad de Ciencias de la Educación de la Universidad Autónoma de Tamaulipas.

Entre los cargos que el Dr. Víctor Manuel Ramírez Hernández ha tenido; fue presidente de la Academia de Tecnología y Matemáticas en la Facultad de Ingeniería y Ciencias, es Miembro fundador de la Academia de Matemáticas de la Universidad Autónoma de Tamaulipas, presidió la Academia de Matemáticas de la Unidad Académica Multidisciplinaria de Ciencias, Educación y Humanidades.

Es el actual presidente de la Academia de Matemáticas de la Universidad Autónoma de Tamaulipas, ha publicado, libros electrónicos e impresos de matemáticas, ha realizado investigación sobre procesos de aprendizaje de las matemáticas, ha presentado sus investigaciones en universidades como la Universidad de Chiapas, la Universidad de Aguascalientes, en el Instituto Tecnológico de Veracruz, la Universidad Autónoma de Nuevo León, así como en congresos internacionales en la universidad del sur de Texas y en la universidad de la Habana Cuba, ha sido formador de talentos para competencias olímpicas en matemáticas, en la formación y desarrollo del pensamiento geométrico, en estudiantes olímpicos, ha impartido cátedra a profesores de diversas instituciones de educación media superior y superior del estado de Tamaulipas, cuenta con perfil PROMEP (Programa del Mejoramiento de Profesorado) desde 2006, pertenece al cuerpo Académico de Evaluación Educativa, actualmente imparte cátedra en el área de Ciencias, Estadística y Matemáticas en la Unidad de Ciencias de la UAT, y es asesor de tesis de Ingeniería Biomédica en la Universidad la Salle Victoria campus de la salud.

Dr. Luis Alberto Aldape Ballesteros es Profesor de Tiempo Completo de la Universidad Autónoma de Tamaulipas, es Doctor en Ciencias de la Educación y pertenece al cuerpo académico en formación Desarrollo de Talento Humano, tiene Perfil PRODEP, investigador en el programa DELFIN, es secretario técnico de la Unidad Académica Multidisciplinaria Valle Hermoso.

Tiene publicaciones en Revistas Indexadas sus investigaciones abarcan varias temáticas, además de tener publicaciones de ciencia y tecnología, ha escrito capítulos y varios libros como, La derivada con situaciones didácticas publicación próxima pasada.

 Es Catedrático de la Universidad Autónoma de Tamaulipas ejerce su labor docente en la Unidad Académica Multidisciplinaria de Ciencias, Educación y Humanidades, en el área de las Ciencias de la Educación con énfasis en el área de la Administración Educativa y sus disciplinas afines como la Planeación, la Dirección, la Evaluación, la ciencia, la educación y las humanidades entre otras disciplinas. Es catedrático investigador con perfil deseable. Ha publicado artículos en revistas indexadas, capítulos de libros, además de libros de temas especializados en ciencia. Es integrante del Cuerpo Académico de Evaluación Educativa, es Licenciado en Administración y Planeación Educativa y Maestro en Docencia.

Figuras y referencias

Figura	Página	Figura	Página	Figura	Página
01	14	21	88	41	122
02	14	22	89	42	125
03	16	23	90	43	128
04	18	24	95	44	129
05	18	25	95	45	129
06	22	26	96	46	132
07	25	27	97	47	133
08	26	28	99	48	137
09	27	29	100	49	137
10	34	30	102	50	137
11	36	31	106	51	139
12	42	32	112	52	145
13	43	33	114	53	148
14	50	34	114		
15	59	35	114		
16	67	36	116		
17	67	37	117		
18	69	38	117		
19	69	39	118		
20	71	40	122		

Bibliografía

Algebra Lineal. Stanley I. Grossman. Editorial Iberoamérica

Arya, J. & Lardner, R. (2009). Matemáticas Aplicadas. A la Administración, y a la Economía. Quinta edición Página. 461. Edit. Prentice Hall. México.

Backhoff, E. "et al". (2017). "México en Proyecto TALIS _ PISA: Un estudio exploratorio". Cd. De México.

Barona, J. (1994). "Ciencia e historia. Debates y tendencias de la historiografía de la ciencia". Seminario de Estudios Sobre la Ciencia. Valencia.

Bell, E. (1937). Historia de las matemáticas. Los grandes matemáticos. Undécima impresión. Fondo de cultura económica. Página. 21. México.

Bell, E. (1985). Historia de las matemáticas. Pág. 54. Editorial. Fondo de Cultura Económica México.

Cálculo de varias variables trascendentes tempranas. James Stewart

Cantoral, R. & Montiel, G. (2001). Funciones: visualización y pensamiento matemático. Pág. (2, 19-24). Editorial Prentice Hall. México.

Cantoral, R. (2017). Mirada Socioepistemológica del Nuevo Modelo Educativo. En O. Sánchez (presidente). En el marco de la conmemoración del 46 aniversario de la Unidad Académica Multidisciplinaria de ciencias, Educación y Humanidades. Llevado a cabo en cd. Victoria Tamaulipas México.

Diccionario de Matemáticas. Publicaciones Cultural. Madrid España.

Diccionario Rioduero. (1986). Matemáticas. 1st. Ed. Alemania. EDIPLESA, p. 220.

Dolores, C. (2007). Elementos para una Aproximación Variacional a la Derivada. Pág. 23, 48. Editorial Diaz de Santos. México.

El Cálculo. Arizmendi Peimbert. Editorial Addison Wesley Iberoamericana

El Cálculo. Louis Leithold. Editorla Oxfors

González, P. (febrero 2004). La historia de las matemáticas como recurso didáctico e instrumento para enriquecer culturalmente su enseñanza. SUMA V. 45. Pp. 17-28.

Grabiner, J. (1983). The changing concept of change: The derivative from Fermat to Wierstrass. Mathematics Magazine. Vol. 56. N° 4 pp. 195-206.

Guzmán, M. de. (1197). "Matemáticas y sociedad: acortando Distancias, Revista Didáctica de las Matemáticas. Diciembre, Vol. 32, 3-11. Madrid.

Jagdish, C. et al. (1992). Matemáticas aplicadas a la administración y a la economía. Pág. 165. Editorial Prentice Hall Hispanoamérica.

Khan Academy. Sobre la definición de derivada. https://es.khanacademy.org/math/ap-calculus-ab/ab-differentiation-1-new/ab-2-1/a/derivative-notation-review

Larson, R. & Hostetler, R. (2006). Cálculo con Geometría Analítica. Octava edición. Página 99. Editorial Mc. Graw Hill. México.

Larsson, Hostetler. (1999) El Cálculo. volumen I y II, Quinta edición. Editorial Mc. Graw Hill

Larsson, R. & Hostetler, R. (1998). El Cálculo y Geometría analítica. Editorial Mc Graw Hill.

Larsson, R. & Hostetler, R. (2006). El Cálculo con geometría analítica. Página 19 Editorial Mc Graw Hill México.

Leithold, L. (1994). Matemáticas Previas al Cálculo. Pág. 192. Editorial Harla México.

Leithold, L. (1998). El Cálculo. Séptima edición. Página. 104 Editorial Oxford University Press – Harla. México.

Montesinos, J. (2006). Fluxiones infinitesimales y fuerzas vivas. THÉMATA. Revista de Filosofía. Núm, 42. Pág. 11.

Ponce, J. (2015). Breve historia del concepto de derivada. Perspectiva histórica acerca del origen y evolución del concepto de derivada. Pág. 30. Recuperado de:

https://www.researchgate.net/publication/270684035_Breve_historia_del_concepto_de_derivada

Ramírez, H. y otros. (2003). Matemáticas Básicas Aplicaciones. Colección Misión XXI. Página 60. Universidad Autónoma de Tamaulipas. México.

Rodríguez & Sierra, M. (2006). Newton y la solución de ecuaciones numéricas: Desarrollo Histórico. X Escuela de invierno en Matemática Educativa. Santa Cruz Tlaxcala 2006. Pág. 5. México.

Stein. (1996   ) Matemáticas II. Cálculo Diferencial. Pág. 1. Mc. Graw Hill México.

Stewart (2008). Cálculo de varias variables trascendentes tempranas. Sexta edición. CENGAGE Learning México.

Stewart. J. (2011). Cálculo de varias variables trascendentes tempranas. Ed. CENGAGE Learning Pág. 1001.

Printed by Books on Demand GmbH, Norderstedt / Germany